正式环境规制、
公众环境诉求与污染排放治理

Formal Environmental Regulation,
Public Environmental Appeal and Pollution Control

李 欣 王雅丽 ◎ 编著

復旦大學出版社

序言

　　近年来,在政府的高度重视和强有力的环境规制措施下,我国主要污染物排放量持续下降,生态环境得到总体改善。然而,随着污染治理的持续推进,污染防治的边际减排成本不断上升,要实现打赢污染防治攻坚战的目标依然任重道远。可以说,在我国经济由高速发展向高质量发展转型的过程中,在生态文明建设压力叠加、负重前行的关键期,污染防治仍是我们面临的重要任务,也是我们必须要跨越的重要关口。我国政府对环境污染防治高度重视,二十大报告明确指出:"深入推进环境污染防治。坚持精准治污、科学治污、依法治污,持续深入打好蓝天、碧水、净土保卫战。加强污染物协同控制,基本消除重污染天气"。

　　最初,在应对环境污染问题上,我国主要采取命令控制型环境规制方式,随着污染治理的持续推进,我国环境规制手段从以行政命令为主转变为行政命令型环境规制和市场激励型环境规制并重、其他环境规制方式并存的多元方式。环境规制方式的多元化转变无疑有助于我国形成鲜明的绿色发展导向,助推经济更高质量的发展及人与自然和谐共生的中国式现代化。环境污染治理不仅需要政府推行强有力的环境规制措施,同时也离不开公众的广泛参与。近年来,随着公众环保意识的增强,公众

1

开始有意识地表达他们对环境问题的关注和对污染治理的诉求,公众环境参与已经成为以政府为主导的正式环境规制的重要补充。

在上述背景下,本书按照"理论推演—特征事实—实证检验—政策建议"这一逻辑框架,重点从理论和实证两个层面探讨了正式环境规制、公众环境诉求对环境污染治理的影响及作用机制。具体来讲,首先,在对环境规制内涵界定的基础上,一方面,基于演化博弈理论考察以地方政府、排污企业和公众为博弈主体的正式环境规制、公众环境诉求与环境污染排放的具体关系;另一方面,基于动态优化理论分析在面临政府环境规制或公众环境诉求时,企业为实现利润最大化目标而采取的最优污染排放决策,进而根据上述两种理论分析结果并得出研究结论。其次,本书阐明了正式环境规制、公众环境诉求和环境污染排放的特征性事实。再次,本书对理论研究结论从宏观和微观两种视角,从长期和短期两个维度进行了翔实的实证检验。具体来讲:其一,采用空间计量分析方法和省份面板数据分别检验了行政命令型环境规制、市场激励型环境规制和自愿性环境规制这三种正式环境规制方式对大气污染排放的影响以及绿色技术进步和污染产业转移的传导机制作用;其二,为进一步验证行政命令型环境规制的减排效应,将环保法庭设立作为一项准自然实验,采用双重差分、三重差分等方法就环境法治强化对上市公司污染排放的影响进行实证考察和异质性分析;其三,为检验公众环境诉求对污染排放的影响,采用北京市新浪微博时序数据,通过结构突变协整分析法、带门限机制的协整回归法考察公众雾霾关注所引发的网络舆论压力对雾霾污染影响的程度、异质性及作用机制;其四,从企业层面考察用百度环境搜索度量的公众环境诉求对企业污染排放的影响及作用机制。在正式环境规制和公众环境诉求交互影响视阈下,本书探讨我国环境污染治理和减排策略问题,以期为推动我国全方位的环境治理体系建设提供新的学理支撑和经验支持。

总而言之,环境污染是一项系统性和综合性工程,应该采用多样化的环境规制综合策略。只有将正式规制与非正式规制相结合、传统工具与现代手段相联系,才能形成多种力量参与、互相监督与协调的综合性环境规制体系,从而实现既要金山银山,又要绿水青山的美好愿景。

本书是在博士论文的基础上进一步完善得到的,然而,时隔多年再看博士论文,已全然没有欣赏的勇气,取而代之的是各种各样的槽点。一方面,不得不感叹环境经济领域惊人的发展速度,研究问题越来越深刻,研究方法也在不断深化,时常被科研圈涌现的"后浪"震撼到;另一方面,水涨船高,能看到槽点也侧面反映了自己在飞速发展的学术浪潮中取得了丁点进步,这勉强算是件令人欣慰的事吧。与博士论文相比,本书重点修改和完善了如下内容:一是完善理论推导和作用机制梳理,特别是关于正式环境规制和公众环境诉求的减排效应的动态优化理论分析;二是补充了上市公司数据和中国工业企业数据,并从微观视角重新进行实证考察;三是采用当前比较流行的政策评估方法进行实证检验。当然,本书研究难免有不尽完善和以偏概全之处,在此恳请读者指正,我们将虚心接受。

本书是上海市哲学社会科学青年项目(2018EGL017)、教育部人文社会科学青年基金项目(21YJC630120)的阶段性成果,感谢上海商学院国际商务硕士点培优培育专项计划项目、上海商学院高水平地方高校建设项目应用经济学商务经济方向的资助,同时对当代经济学基金会的支持表示感谢。本书由李欣和王雅丽负责筹划和统筹撰写工作。具体分工如下:第一章,李欣、曹建华、王雅丽;第二章,李欣、顾振华;第三章,李欣、邵帅;第四章,邵帅、李欣;第五章,李欣、王雅丽;第六章,李欣、邵帅、王雅丽;第七章,李欣、顾振华、徐雨婧;第八章,王雅丽、孙蕾。

本书得以出版离不开读博期间两位导师曹建华教授和邵帅教授的辛苦栽培和付出,德高为师、身正为范,两位老师不仅是我学术生涯的领路人,也是漫漫人生路的指明灯,得遇良师,人生至幸。同时,本书得以出版离不开上海商学院领导和同事的支持,在此向李育冬教授、冉启英教授、张期陈教授、孙蕾老师、朱嫣嫣书记表示诚挚的感谢。此外,也要感谢尹淑平老师对该书出版工作的支持,并提出了一些宝贵意见,感谢一路走来并肩同行的同事和朋友。特别地,真心感谢上海财经大学曹建华教授、上海商学院顾振华副教授、华东理工大学邵帅教授、上海大学徐雨婧博士、上海商学院孙蕾老师(按照章节顺序列出)参与本书的撰写工作,并慷慨地在本书中贡献了自己的研究成果。

李　欣

2023 年 11 月于上海商学院奉贤校区

目 录

第一章　绪论

第一节　问题的提出

改革开放以来,我国40多年的经济高速增长带来了人民生活水平的提高、国际地位的迅速提升,但同时也伴随产生了资源耗竭、环境污染等问题,特别是近年来,雾霾污染等大气环境问题开始受到政府、企业及国际社会的广泛关注,并成为公众议论的重要话题。2011年,我国有20天发生了霾现象;2012年,我国有7个城市位列全球十大空气污染城市;同时,我国500个城市中仅有不超过5个城市的空气质量达到世界卫生组织(WHO)的推荐标准(年均值10 μg/m³)(杨继生等,2013)。根据《气候变化绿皮书:应对气候变化报告》,自20世纪60年代以来,我国雾霾污染的发生天数在不断增加,特别是在雾霾污染尤为严重的2013年,三大城市群发生的雾霾污染天数在100天以上,全国25个省份(涉及华北、江淮、江汉等多个地区)中有100多个城市均出现了不同程度的雾霾污染天气。根据《2017中国生态环境状况公报》,2017年在中国338个地级以上城市中有70.7%的城市空气质量超标,其中,以$PM_{2.5}$和PM_{10}为首要污染物的天数分别占重度及以上污染天数的74.2%和20.4%。空气污染增加了地区间的实际经济不平等程度(祁毓和卢洪友,2015),降低了居民幸福感(杨继东和章逸然,2014;Lelieveld et al.,2015; Zheng et al.,2019),也阻碍了中国经济的高质量发展(陈诗一和陈登科,2018)。

面对严峻的大气污染形势,我国政府高度重视,并出台了一系列积极的应对措施。2013年9月,出台了《大气污染防治行动计划》,该项计划明确提出了地级以上城市雾霾污染浓度下降的具体指标,以及三大城市群中 $PM_{2.5}$ 浓度控制的具体要求。特别地,该项计划对地方政府应该履行的职责提出了明确要求。与此同时,很多地方政府出台了各自的大气污染防治行动计划,如北京、天津和河北分别出台了《北京市2013—2017年清洁空气行动计划》《天津市清新空气行动方案》《河北省大气污染防治行动计划实施方案》,上海、江苏、浙江和安徽建立了长三角区域污染防治协作机制。以上举措彰显了我国政府治理以雾霾为代表的大气污染的决心。此后,十八届三中全会提出,建立污染防治区域联动机制。2015年第十二届全国人民代表大会进一步提出"深入实施大气污染防治行动计划,实行区域联防联控"。

近年来,在政府高度重视和强有力的环境规制措施下,我国主要污染物排放量持续下降,生态环境得以总体改善[①]。然而,随着污染治理的持续推进,污染防治的边际减排成本不断上升,要实现打赢污染防治攻坚战的目标依然任重道远(蒋伟杰和张少华,2018)。具体来讲,空气质量受气象条件影响较大,为污染防治带来了极大的不确定性[②];污染防治存在部分突出问题和薄

---

① 见 https://www.mee.gov.cn/xxgk2018/xxgk/xxgk15/202001/t20200113_759052.html。

② 见 http://www.npc.gov.cn/npc/c30834/202304/918973cf8f964da7a84a751215960305.shtml。

弱环节,对精细化管理提出了较高要求(李欣等,2022);多污染源协同治理和区域协同治理问题依然较为突出(邵帅等,2016;胡志高等,2019);新冠疫情下经济下行压力加大导致重发展、轻保护的现象局部"反弹"(潘家华等,2020)。可以说,在我国经济由高速发展向高质量发展转型的过程中,在生态文明建设压力叠加、负重前行的关键时期,污染防治仍是我们面临的重要任务,也是我们必须跨越的重要关口。我国政府对环境污染防治高度重视,党的二十大报告明确指出:"深入推进环境污染防治,坚持精准治污、科学治污、依法治污,持续深入打好蓝天、碧水、净土保卫战,加强污染物协同控制,基本消除重污染天气"。

需要强调的是,雾霾等环境污染现象的发生,固然与不利的气象、地形等自然因素相关,但在根本上更取决于多种经济社会因素的共同影响。从经济学角度看,环境污染无疑与不恰当的经济发展路径(茹少峰和雷振宇,2014)、以煤为主的不合理的能源结构(马丽梅等,2016)、缓慢的产业结构升级(何枫和马栋栋,2015)、低下的能源效率(邵帅等,2016)、粗放的城市化发展模式(邵帅等,2019)等诸多经济失当因素相关。然而,不可否认的是,政府环境规制水平也是影响我国环境污染程度的重要且不可忽视的因素。生态环境领域的机构改革、环保法律法规的效力、环境监管的程度和水平直接影响企业或个体的污染排放量,从而对环境质量具有直接或间接的影响。如果政府环境规制能够弥补市场失灵的缺陷,积极引导市场主体减污降排,促进经济绿色低碳转型,那么,政府环境规制水平的提升将有助于降低以雾霾为代表的污染排放。显然,对政府环境规制减排效应及环境规制措施影响环境质量的作用机制予以分析,这对提升我国环境规制水平、有的放矢地开展环境污染治理工作、促进经济高质量发展,均具有重要的现实意义。

需要说明的是,长期以来,在应对大气污染问题上我国环境规制手段以命令控制型为主(陶锋等,2021),其在环境保护和污染治理中发挥了积极作用。例如,2012年《重点区域大气污染防治"十二五"规划》明确提出"完善法规标准、加快环境保护法、大气污染防治法等法律法规的修订工作、研究制定机动车污染防治条例"等方面的内容。2013年《大气污染防治行动计划》指出,加快大气污染防治法修订步伐,增加对环境违规行为的惩罚力度,加大环保执法力度,尽快出台机动车污染防治条例和排污许可证管理条例,出台地方性的大气污染防治法规、规章。"十一五"规划首次将环保指标作为约束性指标与政府官员的政绩考核挂钩,即严格实施环保目标责任制,这也标志着我国环境规制从"软约束"转向"硬约束"(韩超等,2017)。2017年十九大报告指出,生态环境保护任重道远,要持续实施大气污染防治行动,打赢蓝天保卫战。2018年3月,国务院公开发布了《打赢蓝天保护战三年行动计划》。与此同时,由"督企"向"督政"转变的环保督察制度也是一种具有代表性的行政命令型环境规制方式。2016年1月4日至2017年9月11日,中央环保督察组对31个省份进行了首轮中央环保督察,并于2018年5月31日启动了"回头看"。总体来看,我国环境规制以政府为主导,这主要是由以雾霾污染为代表的环境污染的公共物品属性决定的。环境资源的非竞争性和非排他性决定了环境污染治理必须要以公共开支为保证,因此,政府在环境污染治理中成为核心角色。

需要特别指出的是,随着环境污染治理的持续推进,我国环境规制手段从最初的以行政命令为主,转变为行政命令型和市场激励型环境规制并重的多元化方式。当前,我国政府更倡导市场激励型环境规制,并利用基于市场机制的经济手段引导市场主体来保护与改善环境(王班班和齐绍洲,2016;刘金科和肖翊阳,2022)。2002年7月,原国家环保部开始推行"4+3+1"的二氧化硫(SO_2)排污权交易试点政策,在山东、山西、江苏、河南、上海、天津以及柳州和中国华能集团公司实行排污权交易政策。十八届三中全会明确提出,"推动环境保护费改税"。此后,我国首部"绿色税法"——《环境保护税法》审议通过并于2018年1月1日正式实行。党的二十大报告明确指出,"全面实行排污许可制,健全现代环境治理体系"。总之,环境规制方式的转变无疑有助于我国形成鲜明的绿色发展导向,助推经济更高质量的发展和人与自然和谐共生的中国式现代化的实现(刘金科和肖翊阳,2022)。

大气污染防治不仅需要政府推行强有力的环境规制措施,同时也离不开公众的广泛参与。近年来,随着公众环保意识的增强,公众开始有意识地表达他们对环境问题的关注和对污染治理的诉求,公众环境参与已经成为以政府为主导的正式环境规制行为的重要补充。例如,2007年,为了反对厦门市引入PX项目,厦门市的市民自发组织了一些活动来表达自己的意见,最终迫使PX项目缓建;与之类似,2012年四川省什邡市市民抗议钼铜项目建设的活动最终导致该项目的搁浅。公众环保意识的增强无疑会激发居民的环境请愿、信访和集会等行为,迫使政府制定和执行更环保科学的环境规制政策,敦促企业减少污染物的违规排放。

需要思考的是,行政命令型环境规制和市场激励型环境规制是政府实施的促使企业采取环境保护行动的重要手段和工具（Rugman 和 Verbeke，1998）。这两类正式环境规制手段的减排效应大小以及减排的作用路径一直是当前学术界和政策层关注和争论的焦点问题，这两类正式环境规制手段减排效应的作用机理如何，仍有待我们深入探究。以公众环境参与为主的公众环境诉求能否在环境污染治理过程中发挥重要角色呢？其与正式环境规制的互动反馈效应如何？在实证检验方面，正式环境规制的减排效应在宏观层面和微观层面是否存在区别？公众环境诉求的表现形式如何？其对环境污染的治理效应存在短期和长期之分，长短期的效应具体有哪些？针对上述问题，本书将在正式环境规制和公众环境诉求交互影响的视阈下探讨我国环境污染治理和企业减排策略问题。

第二节 国内外研究进展

一、正式环境规制减排效应的研究进展

国内外学者已对环境规制的效应进行了较为广泛的研究，如企业竞争力效应（魏楚等，2015）、就业效应（陆旸，2011；王锋和葛星，2022）、贸易效应（李小平和卢现祥，2010）等。环境规制的减排效应研究作为规制经济和环境经济领域的一个重要研究方向，同样受到较多关注，如沈坤荣等（2017）。通常，学界所指的环境规制多默认为政府实施的正式环境规制，鲜有学者将以政府为主导的正式环境规制与非正式环境规制区别开来，本研

究对此进行了区分和界定。

（一）正式环境规制减排效应的理论研究进展

已有部分学者围绕环境规制下排污企业最优选择机制理论进行了相关研究。Xepapadeas(1992)分析了税率或者污染配额对企业投入选择的短期影响和长期影响,研究表明,税率提高有助于企业增加环境污染治理投资。Farzin 和 Kort(2000)假设企业处于风险中性的完全竞争市场,企业可以通过污染治理投资降低单位产出的污染排放量,在此基础上作者构建动态理论模型,检验了在时间完全确定和不确定两种情形下更高的污染税率对完全竞争企业污染治理投资的影响,研究表明,如果不超过一定的门限比例,更高的税率或者更高的环境规制水平有助于企业增加污染治理投资。Copeland 和 Taylor(2004)构建了污染型产品的产出函数及污染排放函数,并假定政府的环境规制手段是征收排污税,在此基础上得到污染的需求与供给函数,进而以代表性消费者的效应最大化为目标,以生产可能性和消费者的收支平衡为约束条件,计算了企业最优污染排放量。许士春和何正霞(2007)建立了一个三部门经济模型,分析了在政府财政收入最大化、消费者效用最大化和企业利润最大化均衡条件下,政府对污染厂商征收罚金这一行为给厂商的产品质量、净收益及污染排放带来的影响。童健等(2016)基于动态一般均衡模型分析了环境规制对工业企业转型升级的影响机理,通过构建污染密集行业、能源行业以及清洁行业的生产函数、污染排放函数和利润函数,并结合一阶条件、资本形成方程、公众和政府的预算方程以及市场出清条件,对理论模型进行了求解,经分析认为环境规制对工业行业转型升级的影响呈现 J 型特征。陈真玲和王文举(2017)构建了中央与地方政府之间的委托代理模型以及政府与污染企业之间的演化博弈模型,并对三者的利益互动博弈关系进行了仿真模拟和深入分析,研究发现,在环境税监管机制下,如果政府补贴大于企业减排成本,则政府与污染企业的博弈稳定策略能够实现帕累托最优。沈坤荣等(2017)构建了环境规制水平对企业污染排放以及跨区域决策影响的三地区理论模型,指出地方政府环境规制程度越强,辖区内企业从事污染治理的力度越大,污染排放越低,但若地区之间存在环境规制的差异,环境规制会引发污染转移效应。Shapiro 和 Walker(2018)构造了具有内生污染技术的异质性企业的理论模型,以从企业动态、生产、贸易和污染治理等方面反映污染产业的全貌,研究发现,企业内部产品的排放强度而非产出或产品结构的下降是驱动排放强度变化的主要因素,环境法规而非生产率或贸易的变化是 1990—2008 年美国制造业污染排放下降的主要原因。王岭等(2019)根据激励机制理论的显示原理,构建了直接机制的映射表达式,并基于中央政府污染治理的期望效应函数和期望支付函数得到中央政府的最优决策方程,进而通过数值模拟得到,中央环保督察能够显著降低信息不对称,提高空气污染治理效果,中央环保督察"回头看"能够进一步降低信息不对称,对空气污染具有显著的降低效应。邓慧慧和杨露鑫(2019)构建了两部门的生产模型,将环境治理纳入生产函数,并得到雾霾治理强度提升有助于工业绿色转型的结论。上述理论分析为本研究提供了重要的学理支撑。

(二)正式环境规制减排效应的实证研究进展

关于正式环境规制的减排效果,学界存在三种不同的声音:

部分学者认为正式环境规制对污染排放具有促减效应,认为官方推行的环境规制手段有利于减排降污;部分学者认为正式环境规制增加了污染排放;还有部分学者认为两者的关系具有一定的条件性和不确定性(参见表1.1)。

表1.1 正式环境规制减排效应的文献总结

作 者	规制手段	数 据	研究方法	结 论
Magat 和 Viscusi (1990)	环境法规	美国194家纸浆和造纸企业	回归分析法	环境规制能减少企业20%左右的污染排放量
Nadeau (1997)	EPA监管	美国纸浆和造纸企业	参数生存模型	环保局监测活动每增加10%,工厂违规时间会减少0.6%~4.2%
Gray 和 Shadbegian (2003)	环境法规	1979—1990年116家纸浆和造纸企业	回归分析法	环境规制对企业生产率的影响因企业年份或技术而异
范子英和赵仁杰(2019)	环保法庭设立	2003—2014年中国283个地级市数据	双重差分法	环保法庭降低了工业污染物的排放总量和人均排放量,法治强化能够促进环境污染治理
Neves et al. (2020)	环境监管、可再生能源支持政策	1995—2017年17个欧盟国家年度数据	带 Driscoll-Kraay 的自回归分布滞后模型	长期来看环境监管能有效减少 CO_2 排放,支持可再生能源的政策倾向于在短期和长期内减少 CO_2 排放
陈诗一等 (2021)	排污费征收标准调高	中国工业企业数据库等	双重差分法	排污费提高后,污染排放水平显著下降,但产出受到较大冲击

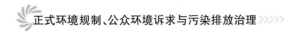

续　表

作　者	规制手段	数　据	研究方法	结　论
尹希果（2005）	环保投资	1998—2003年中国环保投资和经济增长数据	在环保投资优先增长模型基础上采用OLS拟合	高速增长的环保投资并未有效控制污染物排放
何小钢和张耀辉（2011）	正式：行业污染治理费用和失业率；非正式：人口因素	2000—2009年中国36个工业行业数据	面板回归分析法	环境规制对工业行业CO_2排放的影响并不显著
包群等（2013）、Bao et al.（2021）	环保立法	1990—2009年中国省份面板数据	双重差分法	仅仅依靠环保立法并不能有效抑制污染，只有保证法律法规有效执行或者环境污染非常严重，环保立法才能起到改善环境质量的作用
崔广慧和姜英兵（2019）	新《环保法》的实施	2010—2017年沪深两市A股企业	双重差分法和倾向匹配得分法	新《环保法》的实施并未提高企业环保投资的积极性
李永友和沈坤荣（2008）	污染收费、减排补贴和环保贷款制度	1992—2005年中国省份数据	回归分析法	我国环境政策对减少污染排放起到了显著效果，但其主要通过污染收费制度实现，而非减排补贴和环保贷款制度
Greenstone和Hanna（2014）	空气污染法规和水污染法规	印度空气和水污染及环境法规数据	双重差分法	空气污染法规推动了空气质量的大幅改善，水污染法规没有带来显著的效益
涂正革和谌仁俊（2015）	SO_2排放权交易试点政策	中国省份面板数据	倍差法和数据包络分析（DEA）模型	排污权试点机制短期内不能发挥减排效应，但长期有助于大幅度减排

作 者	规制手段	数 据	研究方法	结 论
Zhou et al. (2019)	基于工业废水、废气等构造综合型指标	2002—2010年中国 277个城市数据	SDM 和空间2SLS 模型	雾霾污染浓度与环境规制之间存在倒U 型关系
Zhang et al. (2019b)	基于工业废水、废气等构造综合型指标	2003—2016年中国 30个省份数据	贝叶斯后验概率,结构选择方法,空间计量分析法	东部、中部、东北地区及全国层面环境规制可以显著抑制污染排放,西部地区则反之
王班班等 (2020)	河长制向上扩散和平行扩散	中国工业企业数据库等	双重差分法	向上扩散污染治理效果显著,平行扩散效果不明显

1. 促减效应

围绕该主题,部分学者以纸浆和造纸企业为例,考察了正式环境规制的实施对所研究产业类型污染排放的抑制作用。例如,Magat 和 Viscusi(1990)的研究表明,环境规制能减少企业 20％左右的污染排放量。Nadeau(1997)也得到了与之类似的结论。Gray 和 Shadbegian(2003)分析了环境规制水平的变动对大气污染以及水污染排放的影响,研究表明,受污染影响的居民特征和污染削减支出有助于抑制污染排放。范子英和赵仁杰(2019)利用自 2007 年开始我国在中级人民法院设立环保法庭这一事件,基于双重差分法评估了环保司法强化对环境污染治理的影响,研究发现,环保法庭有效降低了工业污染物的排放总量和人均排放量,即法治强化能够促进环境污染治理。Neves et al.(2020)基于 1995—2017 年 17 个欧盟国家的年度数据,重点考察了环境监管和可再生能源支持政策的减碳效应,研究表明,长期来看环境监管能有效减少二氧化碳(CO_2)排放,支持可再生能源的政策倾向于在短期和长期内减少CO_2排放量。陈诗一等(2021)基于排放费征收标准提高,结合工业企业污染排放数据,采用双重差分法考察了排污费提高的污染减排效果以及融资约束对政策效应的影响,认为排污费提高后企业污染排放水平显著下降。

2. 效应不显著

部分学者认为环境规制对污染排放并不存在显著影响。尹希果(2005)基于环保投资优先增长模型提出,我国环保投资所取得的治污效果相对于其自身的高速增长是不成比例的,其运行效率非常低效,高速增长的环保投资并未有效控制污染物排放。何小钢和张耀辉(2011)选取中国 36 个工业行业 2000—2009年的面板数据,基于行业特征和环境规制的视角分析了工业CO_2排放的影响因素,研究表明,环境规制对工业行业 CO_2 排放的影响并不显著。包群等(2013)、Bao et al.(2021)基于 1990 年以来中国各省份地方人大通过的 84 件环保立法这一独特视角,运用倍差法分析了环保立法的规制效果,结果表明,仅仅依靠环保立法并不能有效抑制污染,只有保证法律法规有效执行或者环境污染非常严重时,环保立法才能起到改善环境质量的作用。崔广慧和姜英兵(2019)将 2015 年正式实施的新《环保法》作为一项准自然试验,采用双重差分法和倾向匹配得分法考察了环境规制对企业环境治理行为的影响,研究显示,新《环保法》的实施并未提高企业环保投资的积极性。

3. 效应的不确定性

部分学者认为环境规制对污染排放的影响并非是简单的正向或负向关系,其影响方向取决于一定的条件。李永友和沈坤荣(2008)采用跨省工业污染的数据研究了环境规制政策对污染减排的效应,研究表明,我国推行的污染收费政策能够有效抑制污染排放,而减排补贴制度和环保贷款制度并没有发挥应有的减排效果,从经验角度考量,我国尚在试点的排污权交易制度也没有带来积极的减排效果。Greenstone 和 Hanna(2014)基于印度空气污染和水污染数据,采用双重差分法得出结论,空气污染法规与空气质量的大幅改善息息相关,水污染法规没有带来显著的效益。涂正革和谌仁俊(2015)以 SO_2 排放权交易试点政策为准自然试验,考察了市场激励型环境规制的减排效应,研究认为,排污权试点机制短期内不能发挥减排效应,但长期有助于大幅度减排。Zhou et al.(2019)基于 2002—2010 年中国 277 个城市的数据,采用空间杜宾模型(SDM)和空间两阶段最小二乘(2SLS)模型考察了雾霾污染浓度与环境规制之间的倒 U 型关系。Zhang et al.(2019b)基于中国省份面板数据,重点采用空间计量分析法得到在全国层面的环境规制有助于降低污染排放,但在区域层面,环境规制的减排效应存在一定的地区差异性。王班班等(2020)将"河长制"的推行作为一项准自然试验,重点采用双重差分法考察该项环境规制政策的减排效应,结果表明,向上扩散模式的污染治理效果显著,而平行扩散模式的污染的治理效果不明显。

综上所述,我们可以得到如下四个方面的结论。(1)以上关于正式环境规制减排效应的实证考察可以归为两类:一类是分析环保立法、环境监管、河长制等行政命令型环境规制的减排效应;另一类是分析 SO_2 排放权交易试点政策、环保金融政策等市场激励型环境规制的减排效应,但从整体上看,国内外学者就环境规制的减排效果的研究并没有达成一致观点，而是"仁者见仁，智者见智"，研究结果的差异可能与研究样本、变量选取、研究方法等有关。(2)常用的正式环境规制度量指标有以下四种类型：一是根据污染物排放总量、增量或者强度表征环境规制程度(Hernandez-Sancho et al.，2000)；二是行政类指标，如政府颁布的环境法律法规(包群等，2013)、政府对地方环境污染案件或纠纷案件的处罚量(Brunnermeier和Cohen，2003)；三是用企业排污费征收量、污染治理投资额等构建环境经济规制力度指标(王书斌和徐盈之，2015)；四是建立综合型的环境规制指标体系(朱平芳等，2011)。可以看出，国内外学者在环境规制指标的构建上也在不断发展和完善，从投入型指标(如污染治理投资额)发展到产出型指标(环境污染排放量)，从基本的定性描述发展为简单定量指标，最后采用综合型指标(如 Zhou et al.，2019)。其中，李钢和李颖(2012)详细介绍了环境规制指标的选取情况。(3)在研究对象方面，国内外学者研究了环境规制对水污染(如化学需氧量)、大气污染(如工业粉尘、SO_2、空气质量)、温室气体排放、固体废弃物污染、雾霾污染等的影响。(4)在研究方法上，采用了普通最小二乘法、面板数据的固定效应和随机效应分析、双重差分法、广义矩估计等。综上所述，国内外学者对正式环境规制减排效应的实证考察为本研究在变量选择、方法选取、结论比较等方面提供了重要借鉴。

(三)正式环境规制影响污染排放的作用机制研究进展

上述从理论和实证两个方面对正式环境规制对污染排放的影响进行了概括性分析，对于正式环境规制影响污染排放的作用路径则是学者们更为关注的问题。概括而言，正式环境规制主要通过两种途径影响污染排放水平,即技术进步效应和污染转移效应。

1. 技术进步效应

环境规制是否能通过技术创新影响企业污染排放水平的理论根源是波特假说。其认为设计合理得当的环境规制能够推动企业的技术进步,从而使"创新补偿效应"超过"成本遵循效应"(Porter 和 Van der Linde,1995)。关于环境规制对技术进步的影响,现有研究已经从理论和实证两个方面进行了较为丰富的讨论。

在理论方面,黄德春和刘志彪(2006)基于 Robert 提出的模型分析了环境规制影响企业竞争力的理论,并对波特假说进行了验证,研究表明,尽管环境规制会提高部分企业的成本,但其所产生的技术创新效应可以抵消环境规制所引致的费用成本,因此,波特假说基本成立。Naghavi(2007)构建模型考察了关税对污染排放的影响,研究认为,征收关税有助于刺激企业增加环境技术研发,从而降低污染排放强度。为考察排污税对技术扩散的影响,常雪飞(2009)在 Dixit-Stiglize 垄断竞争模型的基础上进行了理论分析,研究表明,排污效率增加的水平、厂商成本以及产品市场价格弹性等因素共同决定了排污税的政策效果。Acemoglu et al.(2012)将生产部门分为清洁型与非清洁型两种,通过构建技术进步方向模型进而系统演绎技术进步的内生化过程,从理论上分析了环境规制政策对技术创新的影响,并进行了数值模拟,研究认为,环境污染税收和研发补贴政策组合有助于促进清洁技术创新,减少污染排放。景维民和张璐(2014)从理论上探讨了环境规制和对外开放影响绿色技术进步的机制,研究认为,合理的环境规制政策能够促进技术进步向绿色方向发展,因而有助于减少污染排放并加速我国工业向绿色技术进步的方向转变。董直庆和王辉(2019)从环境规制的"本地-邻地"技术进步联动视角,构建了环境规制对"本地-邻地"绿色技术创新影响的数理模型,并利用地级城市层面的经济数据进行检验,从而考察了污染产业转移对承接地绿色技术进步的抑制作用和收入效应,通过理论分析提出,环境规制对绿色技术进步的影响存在门槛效应。

总而言之,国内外学者关于该问题的理论研究主要有以下两个方面的特征:第一,在研究主题"环境规制——技术进步——污染减排"这一环节上,大部分学者侧重分析环境规制对技术进步的影响,并通常假设环境规制利于污染减排,鲜有学者质疑环境规制促进污染排放增长的可能性;第二,技术进步可细分为绿色技术进步和生产技术进步两个方面,大部分学者侧重在理论层面考察环境规制对绿色技术进步的影响,也有个别学者考察环境规制对生产技术进步的影响,如张成等(2011)。上述理论研究进展为我们进一步把握技术进步在环境规制影响污染排放中的传导机制效应提供了重要的理论支撑。

与理论研究结论不同,在实证方面,国内外学者关于环境规制对技术进步的影响尚未形成一致的观点。

第一种观点认为,环境规制抑制企业绿色创新,较强的环境规制会导致企业成本上升过快,使得企业无法承担,阻碍企业绿色技术创新且降低企业生产效率。例如,Requate 和 Unold(2001)的研究发现只有环境税才能激励企业对新技术进行大量投资,而拍卖和免费许可证对企业创新投资的影响相对较弱。

Brunnermeier 和 Cohen(2003)基于美国制造业数据研究发现,环境规制没有带来额外的创新激励。涂正革和谌仁俊(2015)认为 SO_2 排放权交易试点政策在中国未能产生波特效应。Leeuwen 和 Mohnen(2017)指出,环境规制甚至会抑制技术创新的效率并降低制造业的生产率。

第二种观点认为,环境规制会促进企业绿色技术进步,恰当的环境规制尽管会增加企业成本,但会促使企业绿色产品和过程创新,从而获得创新补偿效应。环境规制之所以能激励企业绿色技术创新,既有外部压力的影响,也与企业内部激励相关。就外部压力而言,若企业因环境问题而受到惩罚,则利益相关者会降低对企业的股值和市场预期,反之,企业的绿色技术创新行为则有助于增强利益相关者对企业绿色发展和转型的信心,刺激管理者在利益相关者的诉求下选择绿色创新战略(Buysse 和 Verbeke,2003;Xu et al.,2016)。就内部激励而言,环境规制措施的实施促使企业进行组织管理和改革,通过绿色创新,实现企业绿色差异化生产的经济效益和节能减排的社会效益的"双赢"(李青原和肖泽华,2020)。目前,已有部分研究检验了环境规制对技术创新的刺激效应。Hamamoto(2006)用污染治理成本和 R&D 支出分别表征环境规制强度和技术创新水平,认为环境规制压力有利于刺激企业技术创新。齐绍洲等(2018)采用 1990—2010 年我国上市公司的数据,以排污权交易试点政策为例,考察了环境权益类交易市场的绿色技术创新诱发效应,并得到结论:排污权交易试点政策诱发了试点地区污染企业的绿色创新活动。刘金科和肖翊阳(2022)将中国环境保护税改革实施作为一项准自然试验,采用三重差分法考察了环境保护税改革对企业绿色创新活动的积极影响。

第三种观点认为,环境规制与绿色创新的关系具有不确定性或非线性。蒋伏心等(2013)研究发现,环境规制与企业技术创新之间的关系呈 U 型曲线,张倩和曲世友(2014)的结论与之类似。张华和魏晓平(2014)利用中国省份面板数据,采用两步广义矩估计法考察环境规制对碳排放影响的双重效应,研究表明,环境规制与碳排放存在倒 U 型曲线关系,随着环境规制强度的提高,其对碳排放的影响将由"绿色悖论"效应转变为"倒逼减排"效应。李青原和肖泽华(2020)基于 2011—2017 年中国 A 股重污染行业上市公司的数据,考察了异质性环境规制工具的绿色创新激励效应,研究发现,排污收费制度"倒逼"了企业绿色技术创新,而环保补助对企业绿色技术创新具有挤出效应。陶锋等(2021)重点考察了环保目标责任制这一环境规制政策的实施对绿色技术创新活动数量和质量的影响,研究表明,该政策仅有利于"增量"但不利于"提质"。

总之,对于环境规制如何影响(绿色)技术创新,国内外学者尚未形成统一的观点。同时,这些不一致的观点也为我们考察技术进步的传导机制效应提供了两个重要的启示。第一,合理界定环境规制并区分其类型,技术创新效应对命令型环境规制和市场激励型环境规制减排效应的作用机理存在差别,理论上,市场激励型环境规制能够提供更灵活、更有效的创新激励(Jaffe et al.,1995;Blackman et al.,2018),部分学者也对此进行了证明,如齐绍洲等(2018)、胡珺等(2020)等。第二,一方面,我们需要从宽泛的技术创新中识别绿色技术创新、生产技术创新的差异;另一方面,我们需要对这些技术创新类型的数量和质量进行科学测度。囿于数据的可得性,(绿色)技术创新的识别和准确测度在前期是制约相关学者对此开展深入探究的重要难题,技术创新的度量指标多以 R&D 支出(蒋伏心等,2013)和绿色生产率(宋马林和王舒鸿,2013)等常规性间接指标为主。近年来,随着数据的可得性以及数据挖掘和处理技术的提高,学者们开始采用(绿色)专利数据识别(绿色)技术创新水平,如董直庆和王辉(2019)、陶锋等(2021)、李青原和肖泽华(2020)等。

2. 污染转移效应

污染转移效应的理论基础是企业区位选择理论。该理论是新地理经济学或区域经济学中比较成熟的理论,其最基本的模型是中心-外围(Core-Periphery,CP)模型,CP 模型揭示了地理集聚的内在机理,在此基础上发展而来的 Footloose Capital(FC)模型、Footloose-Capital Vertical Linkage(FCVL)模型进一步揭示了环境规制对企业资本收益、企业区位分布进而对环境质量的影响,常被用来验证"污染避难所"假说成立的可能性以及"污染泄漏"效应的存在性。目前已有学者从理论和实证两个方面对环境规制下企业行为动态进行了部分探索性的研究。

理论方面,Petrakis 和 Xepapadeas(2003)考察了环境税征收过程中"预先定率"和根据创新努力"事后定率"两种情境下垄断污染企业的选址行为,结果表明,预先定率将导致企业重新考虑生产区位,而事后定率不会影响企业既有的选址决策。梁琦等(2011)在 FCVL 模型框架下探讨了企业存在中间投入品和环境管制时的区位变化以及均衡解,理论研究表明,由于地区间环境政策差异引发的资本"挤出效应"会导致 FCVL 模型呈现出不同的企业区位分布与稳定均衡状态,非合作环境管制将比合作环境管制产生更多的污染,但实行环境管制在减少总体污染方面是有效的。侯伟丽等(2013)建立了环境规制与产业区际转移的理论模型,并考察了某一地区环境规制强度提高对资本流动的影响,理论研究表明,环境规制会促使资本从规制地区向非规制地区流动,并导致规制地区产出的减少和非规制地区产出的增加,在地区间环境规制强度存在差异的情况下,"污染避难所"效应是可能存在的。Ikefuji et al.(2016)通过构建三阶段古诺模型考察了双寡头市场下环境规制与企业决策的关系,研究表明,环境规制强度提升可能会促使污染企业向低强度地区聚集,造成高规制地区福利损失。Zhao 和 Haruyama(2017)基于三方博弈模型,考察了不同空间位置下环境税征收强度偏好及其对本地区污染企业减排行为的影响,研究表明,顺风下游位置政府征收的环境税税率水平相对偏低,这有助于污染企业形成聚集。沈坤荣等(2017)构建了环境规制差异影响企业区域决策的局部均衡理论模型,通过理论分析认为,当本地存在环境规制时,并非所有企业都会选择环境污染治理投资,污染密集度高的企业可能会选择跨区转移,从而导致其他地区污染加重,即环境规制会引发污染转移效应。徐志伟等(2020b)根据"中心-外围"空间结构构建理论模型并认为,中心城市环境规制强度的提升恶化了区域内污染企业的存续状态。

实证方面,对于环境规制下企业区位决策的研究最早是从国家层面展开的,环境标准更低的国家更可能会吸引国外资本,沦为发达国家的"污染避难所"。随后,部分学者基于中国整体的空间大尺度污染产业转移现象进行了研究。林伯强和邹楚沅(2014)考察了"世界-中国"和"东部-西部"的污染转移,研究表明,随着经济发展水平的提升,我国东部向西部地区的污染转移愈加明显,甚至超过了世界向中国的污染转移弹性。Wu et al. (2017)的研究发现,"十一五"规划减排任务颁布之后,水污染呈现出从环境规制相对严格的沿海省份向中西部迁移的趋势。Fu et al.(2021)基于2004—2016年中国30个省份的面板数据,采用系统广义矩估计法(SGMM)考察了环境规制对污染密集型产业转移的影响路径,研究表明,污染密集型产业存在从我国东部向中西部转移的总体趋势。同时,也有部分学者开始关注中国行政区域内部的污染转移现象,并发现污染产业存在向行政边界转移的"跨界"污染现象或向周边邻近地区转移的"以邻为壑"现象。Cai et al.(2016)基于中国24条主要河流附近的县级数据综合考虑了污染产业向上游和向下游转移两种可能,研究表明,污染企业存在从省域内部向行政边界转移的倾向,且偏好在省域内的河流下游集中。沈坤荣等(2017)关注了本地环境规制对污染产业向邻近地区转移的作用,其认为本地环境规制的增强引发污染产业的就近迁移,增加了邻近地区的污染产值,追求区域经济利益最大化的差异性环境政策将不利于全局环境治理。金刚和沈坤荣(2018)基于区制SDM得到,地理相邻城市之间同时存在驻地竞赛和竞相向上的非对称环境规制执行互动,这会加剧污染企业的空间子选择效应,使得地理相邻城市之间形成以邻为壑的生产率增长模式。Yang et al.(2018)以中国江苏为例,检验了"污染天堂假说"的存在性,研究表明,尽管不同的环境规制措施会导致"污染天堂假说"结论的差异,但污染企业的迁移模式基本是一致的,即环境规制促使污染企业向污染治理成本较低的苏北地区转移。在研究样本上,学者们最初采用的是地级市或者省份层面的数据予以研究,精细程度不足,随着数据可得性的提高,部分学者开始采用企业层面的数据或者监测点数据予以检验,例如,Li et al.(2021)基于中国企业数据,采用面板 probit 模型、两阶段最小二乘法等考察了环境规制和环境共治对污染转移的影响,研究表明,企业转移的概率随着环境规制强度的提高而增加,这证实了环境规制存在污染转移效应。宋德勇等(2021)认为,在企业集团内部,污染转移现象呈现就近转移、向低劳动力成本地区转移以及向中西部地区转移等一系列低成本转移的特征,集团内部的污染转移策略会弱化其治污的激励,从而不利于企业长期的绿色转型。

尽管大部分学者都认同环境规制污染转移效应的存在,但从实证结果来看,也有部分学者认为跨国资本并没有显著偏好于环境规制更弱的国家或地区(Xing 和 Kolstad,2002)。Wang et al.(2019)基于 2011—2015 年中国省份数据,检验了环境规制对污染企业区位选择的影响,得到的结论并不支持"污染天堂假说",反而在一定程度上证实了波特效应。余泳泽等(2020)基于 2004—2013 年城市及工业企业面板数据考察地方政府环境绩效考核这一规制方式的效应,得到面临环境约束的地方政府其产业转型升级效果更明显的结论。总之,我们认为实证结果的差异性,既可能与选取样本、考察的污染类别或产业有关,也可能与环境规制的测度方法和变量之间的内生性偏误处理有关。

(四)小结

以上关于正式环境规制的减排效应及可能的传导机制从理论和实证两个方面进行了较为全面的分析。基于动态优化分析的方法考察政府和企业的选择决策是常用的理论分析范式,而国内外学者关于正式环境规制对环境质量的影响程度尚未形成一致的观点,技术进步效应和污染转移效应是作用于正式环境规制与环境质量关系的重要传导机制。

二、公众环境诉求减排效应的研究进展

正式环境规制往往是通过"自上而下"的方式推动的,在实施过程中不可避免地存在"政府主动、企业被动、公众不动"这一难题,其实施结果可能并不理想(胡洁等,2023)。具体来讲,环境规制在执行过程中可能会受到如下因素的制约:行政命令方式的成本偏高,规制方可能受到资金、立法等约束,不能有效地监测小规模企业的污染排放状况。首先,政策制定、执行、监管存在一定的滞后性(Kathuria,2007);其次,在财政分权体制和以GDP考核为主的官员晋升激励下,地方政府为吸引外资保证本地区的经济增长,可能出现竞相降低环境规制门槛的行为,从而影响政策制定和实施的效果(Fredriksson et al.,2003;贺灿飞等,2013);再次,传统环境规制方式的政策效果可能会受到腐败、地下经济等行为的影响(Biswas et al.,2012)。中国环境污染治理的实践也表明,仅以关停、罚款、约谈等行政手段迫使企业进行绿色转型,不仅会给该企业造成较大的经济损失,导致企业行为的短视性和反复性,而且还会在政企重复博弈中造成社会福利的损失(Murty和Kumar,2003)。正式环境规制在理论和实践中存在的问题推动了公众的环境参与和环境诉求表达。公众环境诉求表达主要是公众或社会团体通过"自下而上"的方式推动的,其产生和发展被认为是继行政命令型方式和市场型方式之后的第三次规制浪潮(Tietenberg,1998)。相较于正式

环境规制,公众环境诉求表达通过公众和团体参与的方式可直接监管企业的污染排放状况,在一定程度上能够减少信息不对称,可以有效激发企业绿色转型的内在动力,在环境治理中发挥着越来越重要的作用(胡洁等,2023)。目前,国内外学者已经从理论和实证两个方面对公众环境诉求的减排效应进行了研究(参见表1.2)。

表 1.2 公众环境诉求减排效应的文献总结

作 者	规制手段	数 据	研究方法	结 论
Dasgupta 和 Wheeler (1997)	公众环境抱怨	1987—1993年中国省际数据	面板回归分析	向公众披露企业环境信息有助于促进企业减排
Dong et al. (2011)	公众环境抱怨	2001—2006年中国省份面板数据	相关性分析	居民环境投诉与污染密度之间存在显著的相关关系
Langpap 和 Shimshack (2010)	司法部提供的公众环境投诉数	1990—2000年美国废水企业月度数据	2SLS	公众环境参与不能通过引起人们对不合规事件的关注来提高公共执法力度
贺灿飞等 (2013)	政府环境执行能力	2006—2011年中国城市非平衡面板数据	面板回归模型	尚没有证据表明环境信访强度有助于提升空气质量,环境执法有利于规制目标的实现
Zhang et al. (2019a)	公众环境参与:投诉信数量	2006—2014年中国省际数据	面板回归、FGLS	用公众投诉信数量表征的公众环境参与行为对所在区域环境质量无显著影响,公众参与政策对提升环境治理水平起到重要作用

作　者	规制手段	数　据	研究方法	结　　论
Li et al. (2018)	中国污染信息透明度指数(PITI)	2003—2014年中国城市面板数据	双重差分法	环境非政府组织发布的中国污染信息透明度指数对城市污染治理或减排具有促进作用
Tu et al. (2019)	PITI	2003—2012中国282个城市面板数据	双重差分法等	环境非政府组织具有一定的减排效应,但其效应不应被过分夸大,行政命令型依然是主导
Wu et al. (2018)	环境诉讼、环境非政府组织等	2004—2015年中国31个省份数据	面板回归模型	尽管环境诉讼与非约束性环境污染物显著相关,但环境非政府组织对污染排放的影响在统计上并不显著
Pien(2020)	不同类型的环境非政府组织	2008—2015年中国城市面板数据	固定效应的最小二乘法	地方性环境治理组织在地方环境治理中发挥了重要作用,而国际性环境治理组织尚未发挥应有的环境治理功效
Kathuria (2007)	当地报刊中报道的污染新闻数量	印度Gujarat地区1996—2000年月度水污染数据	混合回归模型	报纸等新闻媒体具有非正式环境规制的效应,但并非所有的污染主体都受到污染新闻报道的影响
Mamingi et al.(2008)	印刷媒体关于企业环境新闻刊载量	韩国工业企业调研数据	多元Probit模型	环境信息披露对改善企业环境绩效具有重要作用

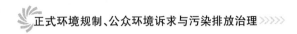

续　表

作　者	规制手段	数　据	研究方法	结　论
沈洪涛和冯杰(2012)	报纸中关于企业环境表现的报道	2008—2009年重污染行业上市公司	多元回归分析	媒体报道倾向所体现的舆论压力能够促进企业环境信息的披露,督促企业改善其环境表现
王云等(2017)	媒体对企业环境污染新闻的负面报道	2008—2014年上市公司数据	面板回归分析	媒体关注会显著增加环保投资;环境规制强度增强了媒体关注的治理作用
潘爱玲等(2019)	媒体负面报道数量	2012—2016年重污染企业数据	非线性概率Probit模型、多元回归模型	媒体压力越大,重污染企业越倾向于进行绿色并购,但这一行为并非实质性转型
郑思齐等(2013)	Google Trends 指数、Google Search 指数	2004—2009年中国86个城市面板数据	面板回归分析	公众环境关注度能够有效推动地方政府更关注环境治理问题
Saha 和 Mohr(2013)	媒体关注度	1988—1995年企业层面数据	双重差分法	受媒体关注企业的有毒物质排放量更低
李欣等(2017,2022)	百度环境搜索	2000—2012年省份数据及1998—2012年微观企业数据	静态和动态空间面板分析法及回归分析	网络舆论有助于抑制污染排放
Zhang et al.(2018)	网络、报纸和电视等媒体的污染报道	2013年11月—2016年10月中国城市数据	回归分析法	中国主流网络媒体报道体现的舆论压力仅在短期内对空气污染具有缓解效应

（一）公众环境诉求减排效应的理论研究进展

Khanna et al.(1998)和 André et al.(2011)以公众披露项目为例,重点阐述了环境信息披露对企业决策行为的影响。Khanna et al.(1998)认为有毒物质信息发布会通过影响公众评价及公司股价影响企业的生产决策活动。在此框架下,作者构建了企业成本最小化的目标函数,在企业生产函数、污染排放函数等约束条件下,分析了企业污染排放量、污染治理量及公司股价的最优水平,理论分析表明,企业的污染信息发布有助于抑制污染排放。André et al.(2011)认为公众披露项目旨在向公众公布企业环境信息,而企业环境信息的公布将会对企业品牌和形象产生影响,在此条件下,作者通过构建动态模型,并与传统的环境规制手段对比,分析公众披露项目如何影响企业污染排放、产品定价、绿色形象宣传等方面的最优决策。研究表明,企业绿色形象宣传与企业信誉之间存在正相关关系,与传统的规制手段相比,公众披露项目对拥有良好信誉的企业具有更深的长期影响。刘德海(2013)从信息传播和利益博弈协同演化的视角,解构了环境污染群体性事件的演化过程,研究表明,在协商谈判的权利博弈结构下,周边群众高估赔偿价值将导致抗议行动的长期化,地方政府和污染企业信息匮乏将延缓事态妥善处置的过程。李欣等(2022)基于动态优化分析方法在环境规制政策差异性和不确定性条件下探讨了公众环境诉求影响企业污染排放的内在机理并提出研究假说,得到公众环境诉求的边际减排效应随公众敏感度变化的演变规律。

（二）公众环境诉求减排效应的实证研究进展

在相关研究中,公众主要通过以下四种方式表达环境诉求。

第一种方式是公众信访、投诉、游行示威等行为,针对该方式对环境治理或污染排放的影响,国内外学者尚未形成一致看法。部分学者认为该方式有助于污染减排,例如,Dasgupta 和 Wheeler (1997)基于 1987—1993 年中国省际数据分析了用公众抱怨表征的非正式环境规制对污染控制的影响,研究表明,向公众披露企业环境信息有助于促进企业减排。也有部分学者认为公众信访、投诉等行为对环境治理或污染排放的影响具有不确定性,例如,Langpap 和 Shimshack(2010)认为公众环境参与并不能通过引起人们对不合规事件的关注来提高公共执法力度。贺灿飞等(2013)基于中国城市非平衡面板数据从环境执行压力、执行阻力和执行能力三个方面分析了中国城市空气质量的影响因素,结果表明,尚没有证据可以证实环境信访强度的提升有助于提升空气质量。Zhang et al.(2019a)基于中国省份面板数据的研究发现,尽管政协提案数对改善所在地区环境质量具有显著影响,但用公众投诉信数量表征的公众环境参与行为对所在区域环境质量并无显著影响。

非政府组织的环境参与是公众表达环境诉求的第二种方式,对于非政府组织是否发挥了非正式环境规制的力量,现有研究尚未形成一致观点。Li et al.(2018)基于 2003—2014 年中国城市层面的数据,采用双重差分法、倾向得分匹配-双重差分等方法对环境非政府组织的减排作用予以考察,研究表明,环境非政府组织发布的中国污染信息透明度指数(PITI)在城市环境治理中发挥了显著的促进作用,Tu et al.(2019)也进行了类似的研究并得到了与 Li et al.(2018)基本一致的结论,与之不同的是,Tu et al.(2019)认为公众环境参与的减排作用不应被过分夸大,行政命令型环境规制依然在污染治理中发挥核心作用。也有学者对环境非政府组织在环境治理或减排方面的作用持否定态度,例如,Wu et al.(2018)认为,尽管环境诉讼与非约束性环境污染物(如工业废水)显著相关,但环境非政府组织对污染排放的影响在统计上并不显著。Pien(2020)基于2008—2015年中国城市面板数据的研究得到,地方性环境治理组织在地方环境治理中发挥了重要作用,而国际性环境治理组织尽管受到广泛的关注并拥有更多的资源,但尚未发挥应有的环境治理功效。

随着信息技术的广泛使用,信息工具,如报纸、电视、广播、杂志等传统媒体与新兴网络媒体逐渐成为重要的非正式环境规制工具。关于信息工具的规制效应研究已经成为重要的热点,并呈现出较多的研究成果(应飞虎和涂永前,2010)。Kathuria(2007)和Mamingi et al.(2008)的研究是关于传统信息规制工具运用的早期代表。Kathuria(2007)将当地报纸刊载的与污染相关的文章数量作为解释变量,发现其对印度水污染治理具有一定的促进作用。Mamingi et al.(2008)采用多元Probit模型考察了报纸在报道环境负面新闻时,相关企业名单公布与否对这些企业环境表现的影响,研究发现,环境信息披露对改善企业环境绩效具有重要作用。国内也有部分学者对传统媒体的舆论监督功效进行了研究,例如,沈洪涛和冯杰(2012)考察了舆论监督对企业环境行为的影响,研究表明,媒体报道倾向所体现的舆论压力能够促进企业环境信息披露,督促企业改善环境表现。王云等(2017)的观点与之类似。潘爱玲等(2019)则认为媒体压力下重污染企业的绿色并购行为并非实质型转型。

以上文献主要介绍了报纸等传统媒体对污染治理的影响，随着计算机技术的发展、互联网技术的普及以及手机、平板电脑等即时通信工具的智能化演变，网络媒体的信息传播优势日益显现（何贤杰等，2016），利用网络媒体如百度搜索引擎、微博、Twitter 及其他新兴网络媒体的信息传播功能表达环境治理诉求已成为公众环境参与的重要方式，并起到越来越重要的作用。Kay et al.(2015)认为中国应对雾霾污染的及时行动离不开微博的推动。Bonsón et al.(2019)以及 Osorio-Arjona et al.(2021)认为 Twitter 是公众参与的重要工具。

基于公众对网络媒体的接受度显著提高的事实，一些学者尝试采用网络媒体构建相关指标度量公众对环境问题的关注度。Saha 和 Mohr(2013)采用双重差分法分析提出，受媒体关注机构的有毒物质排放量更低，其中，媒体关注数据来源于 Lexis-Nexis Academic Universe database 的新闻档案，作者对其进行了关键词检索。对于百度搜索引擎以及新兴网络媒体传播的舆论减排效应，其研究结论与样本时间跨度和采用的度量方法有关。若研究样本为年度面板数据，其基本结论是公众环境诉求的增加有助于降低环境污染或提升环境治理水平。比如，郑思齐等(2013)和李欣等(2017、2022)基于中国城市、省份或企业多方位的面板数据解析了用百度或谷歌搜索引擎度量的公众环境诉求对环境治理的推动作用。若研究样本为月度或日度数据，则公众环境诉求的减排效应一般仅在短期有效，例如，Zhang et al.(2018)基于月度面板数据的实证考察得到，中国主流网络媒体报道体现的舆论压力仅在短期内对空气污染具有缓解效应。

总而言之，国内外学者对公众环境诉求和环境污染关系的研究表现出如下三方面的特征。第一,在公众环境诉求表达的渠道上,最初,公众只能通过报纸、广播、电视等传统的社交媒体表达他们的环境诉求,随着互联网技术逐步渗透到人们的日常生活,并极大地降低了经济主体之间的信息成本(施炳展和李建桐,2020),网络成为人们表达环境诉求的重要平台,这也是学者对公众环境参与度量指标构建与时俱进的现实原因。特别地,随着大数据时代的到来,采用数据挖掘和数据分析技术度量公众诉求的文献开始出现,例如,Cantador et al.(2020)采用数据挖掘技术从政府公开的在线数字平台中提取了公众环境参与的相关信息。简而言之,采用数据挖掘工具在网络平台上度量公众诉求开始逐渐被相关学者采用,公众诉求指标构建的变化规律为本研究提供了重要借鉴。

第二,尽管已有个别学者从理论上分析了公众环境诉求和污染排放的内在关系,但除李欣等(2022)外,鲜有学者对公众环境诉求影响污染排放的内在机理进行完整的理论分析和严谨的实证检验,从而难以为环境治理体系建设和生态文明改革推进提供充分的政策阐释和必要的经验支撑。

第三,在实证检验过程中,大多数学者采用的是地级市或省份层面的数据检验公众环境诉求的宏观环境效应,鲜有作者进行微观层面的实证考察,然而,随着污染防治攻坚阶段的到来,大气污染治理更需科学化、精准化,因此,基于微观视角就公众环境诉求和企业污染排放关系的考察便具有一定的现实意义。

(三)公众环境诉求减排效应的作用机制研究进展

以上就公众环境诉求的减排效应从理论和实证两个方面进

行了分析。关于公众环境诉求如何影响污染排放,现有研究主要持两类观点。

第一类文献认为,公众环境诉求减排效应的发挥离不开政府的环境规制措施,公众通过举报、信访等方式向所在地区的地方政府和监管机构表达其污染治理的诉求无疑会促使环境规制机构加大监管力度(Kathuria,2007)。现有研究也提出了类似的观点,并成为验证该理论合理性的重要佐证,例如,Dong et al.(2011)发现居民环境投诉与污染密度之间存在显著的相关关系,环境投诉有助于为监管机构更有效地分配监管资源提供更有价值的信息,从而有利于提高政府的环境规制效率。Zhang et al.(2017)、李欣等(2022)的研究结果均表明,公众环境投诉有助于环境监管部门控制污染排放。方颖和郭俊杰(2018)收集了各类电视台和报纸对于上市公司环境违规和处罚事件的报道,并通过百度搜索引擎进行环境信息检索得到公众环境关注度指标,研究表明,媒体报道和环境关注度的提高有助于环境信息披露政策的有效实施。特别地,公众除了向所在区域的环境规制机构表达污染治理诉求外,还会通过集会、游行、上访、举报等行为推动上级政府对地方政府的环保行为进行监督和干预,从而促进下级政府加强环境污染治理(郑思齐等,2013)。吴力波等(2022)认为公众环境关注度有效发挥了非正式环境规制的约束作用,其在激励污染企业环保转型的同时有效督促地方政府严格执行环境规制。

第二类文献认为企业策略选择是公众环境诉求影响环境质量的重要机制,媒体关注通过信息披露影响企业声誉和上市公司股价。面对公众环境诉求和媒体关注引发的舆论压力,企业可能会通过增加环保投资、实施绿色并购、加快绿色技术创新等措施来推动绿色转型。目前,已有学者对非正式环境规制下企业的行为选择进行了研究,例如,王云等(2017)采用 2008—2014 年上市公司数据,用媒体对企业污染排放信息的负面报道表征非正式环境规制并得出结论,媒体关注显著增加了企业环保投资。潘爱玲等(2019)采用 2012—2016 年上市公司重污染企业数据,考察了媒体负面报道引发的舆论压力和非正式环境规制水平对企业绿色并购行为的影响,研究表明,媒体关注压力下重污染企业的环境行为不具有可持续性,其实施的绿色并购仅仅是转移舆论焦点的策略工具,而非实质性转型。胡洁等(2023)认为,上市公司 ESG 评级有助于企业绿色转型。

（四）小结

综上所述,当前国内外学者对公众环境诉求的理论和实证方面的研究不断增多。在理论研究方面,学者构建理论模型主要有两种思路:一是以环境污染事件为切入点,基于演化博弈分析思路,考察中央或地方政府、受损群众以及污染企业的策略选择;二是采用动态优化分析方法,考察公众环境诉求、正式环境规制与企业污染排放行为之间的动态关系。不论采用哪种模型构建方法,学者们通常将正式环境规制、公众环境诉求及污染治理三者同时纳入模型进行分析。实证分析是现有关于公众环境诉求减排效应研究常采用的分析范式,包括面板固定效应分析(郑思齐等,2013)、空间计量分析(李欣等,2017)、双重差分法(Saha 和 Mohr, 2013;Li et al., 2018)、多元 Probit 模型(Mamingi et al., 2008)等。然而,从实证结果来看,公众环境诉求的减排效应具有不确定性,其大小和方向与公众环境诉求的形式、研究样本和实证方法的选择等因素密切相关。在影响机制方面,通常正式环境规制和企业策略选择是作用于公众环境诉求与污染质量之间的重要中介变量,即非正式环境规制会通过正式环境规制和企业策略选择影响污染排放状况以及区域环境质量。

三、小结

在上述研究的基础上,本研究可得如下五个方面的总结性评论。

第一,对政府制定和实施的正式环境规制手段的考察是当前研究的主流,尽管对公众环境诉求或非正式环境规制效应的研究逐渐增加,但对正式环境规制、公众环境诉求以及环境质量这三者关系的研究还有待深入。同时,随着公众受教育程度的不断提高,公众参与环境的意识不断增强,公众环境诉求表达也被越来越多地用于社会实践,对公众环境诉求进行研究具有一定的实践指导价值。此外,信息技术的飞速发展、互联网平台的不断增多也为公众环境诉求的定量研究提供了一定的数据来源和技术支撑。由此可见,对公众环境诉求的定性和定量分析具备了一定的前提和保障,这为后续公众环境诉求减排效应的研究提供了一定的空间。

第二,在理论分析中,不论是基于演化博弈理论还是基于动态优化理论,应该将正式环境规制和公众环境诉求纳入同一理论分析框架,而不能将政府、企业和公众的行为选择割裂开来。事实上,正式环境规制与公众环境诉求往往是相伴而生的,公众环境参与离不开政府的环境监管,而要提高政府的环境规制效率也需要发挥公众的舆论监督作用。因此,将正式环境规制、公众环境诉求与污染排放的关系置于同一理论分析框架具有重要的现实意义。当前,鲜有学者在环境规制政策差异性和不确定性条件下对公众环境诉求影响污染排放的内在机理进行完整的理论分析,从而难以为环境治理体系建设和生态文明体制改革的推进工作提供充分的政策阐释和必要的理论支撑。

第三,对于公众环境诉求的度量指标,公众最初只能通过报纸、广播、电视等传统社交媒体表达他们的环境诉求,随着信息技术的发展和互联网的普及,网络成为人们表达环境诉求的重要平台,这也是相关学者对公众环境诉求度量指标构建不断与时俱进的现实原因。特别地,随着大数据时代的到来,采用数据挖掘和数据分析技术度量公众诉求的文献开始出现。比如,Cantador et al.(2020)采用数据挖掘技术从政府公开的在线数字平台中提取公众环境参与的相关信息,从而为有针对性地提出环境治理问题提供了富有价值的见解。Osorio-Arjona et al.(2021)基于马德里地铁账户的 Twitter 数据,采用文本挖掘和机器学习算法识别市民感知,并通过地理加权回归探讨了公众交通抱怨的空间分布规律。简而言之,采用数据挖掘工具在网络平台上度量公众诉求开始逐渐被相关学者采用,公众诉求指标构建的变化规律为本研究提供了重要借鉴。

第四,在实证检验方面,大多数学者采用地级市或省份层面数据检验环境规制的宏观环境效应,鲜有作者进行微观层面的实证考察,这便难以打开企业内部污染排放的"黑箱",也难以反映政府环境规制和公众环境诉求影响企业污染排放在微观层面的异质性。然而,随着污染防治攻坚阶段的到来,大气污染治理更需科学化、精准化,因此,基于微观视角对政府环境规制、公众环境诉求和企业污染排放关系进行考察便具有重要的现实意义。

第五,鉴于空间计量分析工具能够处理不同地理单位之间的空间互动效应,由此空间计量分析便得到越来越多的应用。在环境资源领域,以雾霾为代表的环境污染表现出显著的空间依赖性,环境污染所体现的空间相关特征意味着采用空间计量分析工具对大气污染的影响因素进行研究具有一定的必要性。由此可见,在研究环境规制对污染排放的影响时,该方法理应得到充分重视和应用。

第三节 研究内容和结构框架安排

一、总体研究框架

本研究以环境规制的减排效应为研究对象,从理论和实证两个角度对环境规制(包括正式环境规制和非正式环境规制)影响污染排放的作用机理进行系统性探究。整体研究按照"理论分析——特征性事实——实证检验——政策建议"这一层层递进的逻辑关系展开。本研究探求环境质量改进和经济绿色转型的助力,在公众、政府和企业三方关系互动中,从理论分析和实证检验两个层面,考察政府环境规制、公众环境诉求互动对环境质量的改善效应,以服务于建立导向清晰、多元参与、良性互动的环境治理体系这项关键任务,并且结合我国环境治理中存在的问题和实证研究结论得到相应的建议和政策启示。

二、主要研究内容

本书的研究内容包括如下四个部分。

（一）政府环境规制、公众环境诉求对企业污染排放影响的理论分析

本部分主要采用演化博弈和动态优化两种理论分析方法构建上述三者之间的互动关系,在构建理论模型之前,我们首先对政府环境规制、公众环境诉求的内涵予以界定。

第一种理论分析方法是基于演化博弈分析思路考察公众环境诉求的演化特征以及政府、公众和排污企业三方的策略选择。具体来讲,我们首先进行模型设定,对地方政府、受损群众和企业行为选择予以界定,进而根据经济主体的一般化复制动态方程,得到博弈双方的最优解,最后得出研究结论。

第二种理论分析方法以动态优化分析为基础,首先对经济生产活动进行基本设定,将这些设定以参数化或模型化表示,其中,所需设定的因素包括:经济主体的特征、企业所处的市场环境、企业产出的影响因素、污染产出的基本方程、政府环境规制的具体措施等;其次,在模型设定的基础上,构建动态方程(状态方程)以及排污企业的预期收益函数和利润函数(目标函数);进而根据动态最优化分析方法,在既定的约束条件下计算目标函数的最优解,并得出研究结论。

（二）特征性事实

该部分研究内容包括三个方面:一是对政府环境规制的

历史进程、制度演进过程进行介绍，并通过正式环境规制度量指标的描述性分析获取对我国环境规制水平的直观认识；二是通过描述性分析了解公众环境诉求的基本状况；三是通过描述性分析和探索性分析从宏观和微观两个层面，以及空间和时间两个维度，分析我国空气污染的现状和企业污染排放的演变规律。

（三）政府环境规制、公众环境诉求对污染排放影响的实证考察

该部分内容具体包括四个方面：一是基于省份层面的年度面板数据，以雾霾污染为例，对于政府环境规制对空气质量的影响及作用路径进行实证检验；二是在上述研究结论的基础上，将环保法庭设立作为一项准自然实验，采用双重差分法进一步考察政府环境规制中的具体措施——环境法治强化的污染治理效应；三是基于个别城市环境污染的月度数据，从宏观和短期层面，对于网络媒体关注对空气质量的短期影响进行验证；四是从微观和长期层面，重点对于公众环境诉求对企业污染排放的影响及作用机制予以检验。

（四）对策建议

该部分从公众、企业、政府三方互动的角度入手，对于如何更好地发挥公众环境诉求和政府环境规制对污染减排的协同效应，进而建立导向清晰、多元参与、良性互动的环境治理体系提出对策建议。

三、逻辑框架

本研究的逻辑框架安排如图1.1所示。

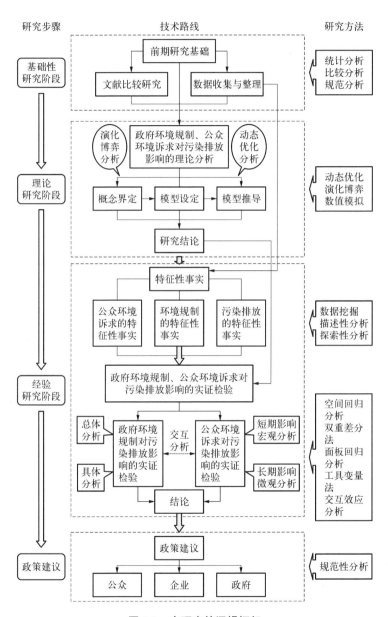

图 1.1　本研究的逻辑框架

第二章

正式环境规制、公众环境诉求对污染排放影响的理论分析

第一节 概念、分类及理论基础

一、环境规制的概念界定

规制英文翻译为 Regulation,有时也被译为"管制"。1970 年《规制经济学:原理和制度》的出版标志着规制经济学科的诞生,该书由美国经济学者 Kahn 编写,Kahn 认为"规制实际上是政府命令对竞争的取代,是为了维护良好的经济绩效的一种基本制度安排"。此后,Stigler(1971)、Spulber(1999)等学者也对环境规制进行了不同角度的诠释。赵敏(2013)认为:"规制是社会公共机构依据一定的规则,采用法律、行政、经济等手段对被规制者(一般指消费者和企业)的行为予以干预,从而有助于克服市场失灵,实现社会福利的改进。"

20 世纪 80 年代以后,规制经济学开始被引入中国,并受到国内学者的广泛关注(王俊豪和王岭,2010)。在环境资源领域,随着改革开放后经济的飞速发展,人们对生活品质要求的提高,以及 GDP 增长和环境资源的矛盾日益突出,国内学者开始转向对环境规制的研究。所谓环境规制,是"为了纠正环境污染的负外部性,社会公共机构对微观经济主体(消费者和企业)实施一

定的环境手段,通过改变市场资源配置以及消费者和企业的供需决策,以达到内部化环境成本、保护环境、提高经济绩效以及增加社会福利的目的"(赵敏,2013)。从环境规制的定义可以看出,环境规制的主体是社会公共机构,客体既可以是企业,也可以是消费者,本书中的规制客体主要指企业。环境规制的主要目标是解决环境污染的负外部性,从而达到改善环境绩效的目的,实现经济增长与环境保护的双赢。

二、环境规制的分类

正如赵玉民等(2009)所言,"目前,学术界对环境规制的分类方式主要有以下四种:第一种分类基于政府行为的视角,将环境规制分为命令控制型、经济激励型和商业政府合作型三类(彭海珍和任荣明,2003;赵玉民等,2009);第二种,根据适用范围,将环境规制分为出口型环境规制、进口型环境规制以及多边类型环境规制;第三,按照环境规制对企业的影响程度,将其分为合作式环境规制和障碍式环境规制;第四,按照环境规制的正式程度,可以将环境规制分为正式环境规制与非正式环境规制"。我们采用较为常用的第四种分类方式。

正式环境规制[①],是为了保护生态环境,通过法律、规章、协议等方式约束企业或个人污染排放行为的一种规制方式。根据约束方式的不同,正式环境规制又可分为命令控制型环境规制、市场激励型环境规制以及自愿性环境规制。命令控制型环境规制,指排污者必须遵守的各项法律、法规、规章等相关政策,通常这些政策由立

---

① 本书中也称之为政府环境规制。

法或行政部门制定,其目的是规范排污者的行为选择以推动生态环境保护。命令控制型环境规制的主要特点是排污者必须遵守,而没有自主选择的权利,否则将会受到严重的行政处罚。命令控制型环境规制是当前国际上应用最为广泛的规制方式,我国颁布的环保法律法规,如环境影响评价制度、"三同时"制度等均属于命令控制型环境规制的范畴。该规制方式的优点是能简单有效地改善环境质量,但其面临较高的监管成本(赵玉民等,2009)。

市场激励型环境规制以市场为基础,政府机构在制定和实施规制政策过程中需要遵循市场机制,通过市场信号引导污染者的行为选择以达到促使排污者积极进行节能减排、改善环境状况的目的。市场激励型环境规制制度包括排污税费制度、产品税费制度、排污许可证制度、押金返还制度等类型。该方式以市场机制为基础,经济主体具有一定的选择权利,有利于降低交易成本,但倘若市场机制不健全,市场激励型环境规制工具可能难以发挥其效应。此外,市场激励型环境规制政策效果的实现可能具有一定的时滞性(赵玉民等,2009)。

自愿性环境规制是一种保护环境的协议或者制度,其提出者一般是行业协会、企业自身或者其他主体,企业具有选择参加与否的权利。自愿性环境规制通常以企业意愿为前提,不具有法律上的约束力。一般而言,环境认证制度、环境审计制度、生态标签制度、环境协议制度等都属于自愿性环境规制。自愿性环境规制通常有三种形式:一是政府为组织者,设计并提出相关计划,企业决定是否参与;二是企业和政府通过谈判的方式达成协议;三是完全由企业或者行业组织实施环境保护的协议,政府并不参与(赵玉民等,2009)。

　　非正式环境规制主要是公众或社会团体通过个体的环保意识、观念和认知等表达环境诉求或参与环保行为。该种方式与公众受教育程度、奖惩机制、环境氛围等因素密切相关。传统上,公众或社会组织通过抗议、协商、谈判等集体行为模式或组织行为模式表达环境诉求以发挥环保监督和助推节能减排的作用(赵玉民等,2009)。在宣传媒介方面,起初公众或团体主要通过报纸、广播、电视等传统的传播媒体表达其对环境污染治理的诉求,近年来,随着互联网的广泛使用,公众受教育程度的提高以及对环境质量改善意愿的增加,网络媒体开始在收集和传播信息中发挥越来越大的作用,并成为人们生活不可或缺的一部分(郑志刚,2007),因此,网络媒体作为一种新型媒介,已经成为公众或团体参与环境污染治理和表达环境诉求的重要平台。

三、环境规制的理论基础

（一）环境资源的稀缺性

　　环境资源对人类的生存与发展具有非常重要的意义,其既为人类生产和生活提供了重要的资源,又提供了废弃物处理的场所,可以说,环境资源是人类生产和消费得以正常进行的必要条件。然而,现实中,人们只注意到环境资源的使用价值,其经济价值常被忽略,从而导致资源浪费和生态破坏现象。通常我们所讲的资源稀缺性主要体现在以下三个方面:一是相对稀缺性。经济学假设人是理性的,理性经济人的目标是经济利益的最大化,因此会尽可能多地利用随意攫取的环境资源,这就造成了人类无限欲望与环境资源供给有限性的矛盾。二是绝对稀缺性。尽管人类可以通过技术创新和资源利用效率提高以减少对环境资源的使用,然而,环境资源的供给受自然规律的支配,其再生产周期可能比其他经济资源的再生产周期更长,因此,人类对环境资源的消耗必须把握好"度",使环境资源的再生恢复处于良性循环中,才能保证人类的永续利用。一旦对环境资源的开采利用或破坏超过了环境资源的承载力,那么,必将导致资源存量的衰减和生态赤字的出现。三是结构性稀缺。经济活动需要劳动、资本、能源等多种要素投入的组合,要素错配必然导致部分生产要素的浪费,从而造成该种要素的短缺,影响生产活动的顺利进行。

(二)污染的负外部性

外部性是市场失灵的重要表现,是一个人的行为对旁观者福利的影响。依据作用效果,外部性可以分为正外部性和负外部性,其中,负外部性表现为某行为人实施的行为对他人或者公共利益有减损的效应。环境污染具有典型的污染负外部性,这是因为污染的主体在生产和消费中对他人或者公众造成了不利影响,但并没有为此支付相应的成本。由于外部性的存在,市场机制在环境资源配置中失灵,这就需要政府或外界力量的干预,以矫正已经出现的环境污染问题。

(三)环境资源的公共物品属性

公共物品是与私人物品相对应的概念。所谓公共物品,是指被公共使用或者消费的物品。通常,公共物品具有两个基本性质:非竞争性和非排他性。环境质量便是一种典型的公共物品,环境质量的非竞争性以及非排他性极易产生"搭便车"问题,其直接后果便是环境资源供给的短缺。此外,环境作为公共物品还可能出现"公地的悲剧"现象。倘若经济活动中缺少有效的监督与管理机制,环境资源的公共物品属性将造成个人经济利益在公共物品偏好方面的非显性,理性经济人为追求个人利益最大化,将过度使用环境资源,而忽视了环境资源过度利用对他人的影响以及环境治理增加所导致的最终社会成本的上升,最终导致环境污染与生态退化。环境资源的公共物品属性是环境规制措施实施的直接原因。

(四)信息不对称性

信息不对称指交易中的个体所拥有的信息不同,通常掌握信息较多的个体处于有利地位,而信息缺失的个体则处于不利地位。信息不对称会导致代理人问题、逆向选择及道德风险问题,造成市场交易双方利益的失衡,降低资源配置效率。在环境资源领域,信息不对称主要表现在以下两个方面:一是企业与政府之间关于污染排放的信息不对称,企业通常会比政府掌握更多的污染信息,因此,单纯依靠官方的环境规制可能会有一定的局限性,这便需要来自公众或团体参与的力量,减少企业偷排、乱排现象发生的概率;二是企业与消费者之间关于产品质量、污染排放的信息是不对称的,从而造成要素市场扭曲,这便需要政府的干预,加强对企业的监督以及对公众选择的引导。由此可见,信息不对称是引致政府或公众通过正式环境规制及非正式环境规制手段干预企业生产行为和污染排放行为的重要理由。

第二节　理论分析一：基于演化博弈的视角

演化博弈是一种将动态演化过程与博弈理论相结合的理论

思想。与传统博弈完全理性和完全信息假设不同,演化博弈认为人是有限理性的,而且不可能是完全信息。在分析方法方面,与博弈论将分析重点放在静态均衡和比较静态均衡的做法不同,演化博弈强调经济的动态均衡。1973 年,Smith 和 Price 首次提出了演化博弈的基本思想和演化稳定策略(ESS)(Smith 和 Price,1973),使演化博弈在多个领域出现了突飞猛进的发展。随后,Jonker 对其进行扩展,并提出演化博弈的复制动态方程。随着演化博弈理论的深入发展,许多经济学家将该理论用于产业演进、制度变迁等经济问题的分析中。我国学者对演化博弈思想的关注始于 21 世纪初,张良桥等(2001)是对演化博弈思想进行基本介绍的早期代表。在环境资源领域,演化博弈理论也得到了比较广泛的运用,例如,刘德海(2013)、郑君君(2015)均采用了演化博弈相关理论分析环境污染群体性事件或环境污染治理问题。

一、正式环境规制对污染排放影响的演化博弈分析

(一)模型设定

假设存在两个博弈主体:地方政府和排污企业,两个主体均为有限理性。在财政分权和以 GDP 论英雄的政绩考核机制下,地方政府既有对排污企业放松规制的动机,又可能因日益严重的污染形势、来自公众的舆论压力以及上级政府的行政压力而加大环境规制力度,因此,地方政府有两种策略集{不规制,规制}。在此,设排污收费制度是地方政府对排污企业环境规制的主要手段,收费额是企业污染排放量的线性函数,该种手段是一种市场激励型的环境规制方式。面对地方政府的环境规制,排

污企业有两种策略选择{消极,积极},消极策略是企业按照现有的污染物排放量交纳排污费用,积极策略是排污企业在环境规制面前采取积极的应对措施,通过各种途径和手段达到削减污染排放量的目的。设地方政府的环境规制成本为C_1,企业利润为R,若排污企业在面临环境规制时采取消极的应对策略,则污染物排放量为Q_1,企业需要交纳θQ_1单位的排污费用,θ为税率。若企业在面对环境规制时采取积极的应对措施,则污染排放量削减为$Q_2(Q_2 < Q_1)$,企业的污染削减成本为C_2。根据以上前提设定,可得博弈支付矩阵,如图2.1所示。

		排 污 企 业	
		消 极	积 极
地方政府	不规制	$0, R$	$0, R - C_2$
	规制	$\theta Q_1 - C_1, R - \theta Q_1$	$\theta Q_2 - C_1, R - C_2 - \theta Q_2$

图 2.1 地方政府与排污企业的博弈支付矩阵

(二)模型推导

假设地方政府实行规制策略的概率为x,排污企业采取积极应对措施的概率为y,假设x和y均为时间t的函数。当地方政府的学习速度比较慢时,地方政府实行规制的复制动态方程为

$$\frac{\mathrm{d}x}{\mathrm{d}t} = x(u_1 - \bar{u}) = x\{u_1 - [xu_1 + (1-x)u_2]\}$$
$$= x(1-x)(u_1 - u_2) \qquad (2.1)$$

式(2.1)中,u_1和u_2分别表示地方政府实行规制和不实行规制的期望收益,$\bar{u}$为地方政府的平均期望收益,计算可得u_1和u_2的值,分别如式(2.2)和式(2.3)所示:

$$u_1 = (1-y)(\theta Q_1 - C_1) + y(\theta Q_2 - C_1) \tag{2.2}$$

$$u_2 = (1-y)0 + y0 = 0 \tag{2.3}$$

将式(2.2)和式(2.3)代入式(2.1)可得:

$$\frac{\mathrm{d}x}{\mathrm{d}t} = x(u_1 - \bar{u}) = x(1-x)[\theta(Q_2 - Q_1)y + \theta Q_1 - C_1]$$

$$\tag{2.4}$$

同理可得,排污企业采取积极应对措施的演化博弈复制动态方程为

$$\frac{\mathrm{d}y}{\mathrm{d}t} = y(v_1 - \bar{v}) = y(1-y)(v_1 - v_2) \tag{2.5}$$

$$v_1 = (1-x)(R - C_2) + x(R - C_2 - \theta Q_2)$$
$$= R - C_2 - \theta Q_2 x \tag{2.6}$$

$$v_2 = (1-x)R + x(R - \theta Q_1) = R - \theta Q_1 x \tag{2.7}$$

$$\frac{\mathrm{d}y}{\mathrm{d}t} = y(1-y)(\theta Q_1 x - C_2 - \theta Q_2 x) \tag{2.8}$$

式(2.5)至式(2.8)中,v_1、v_2 分别表示排污企业采取积极应对措施和消极应对措施的期望收益,$\bar{v}$ 表示平均期望收益。

令 $\dfrac{\mathrm{d}x}{\mathrm{d}t} = 0$,则可能的稳定状态为 $x_1^* = 0$,$x_2^* = 1$,$y_3^* = \dfrac{C_1 - \theta Q_1}{\theta(Q_2 - Q_1)}$,当且仅当 $0 \leqslant \dfrac{C_1 - \theta Q_1}{\theta(Q_2 - Q_1)} \leqslant 1$ 时成立。

令 $\dfrac{\mathrm{d}y}{\mathrm{d}t} = 0$,则可能的稳定状态为 $y_1^* = 0$,$y_2^* = 1$,$x_3^* = \dfrac{C_2}{\theta(Q_1 - Q_2)}$,当且仅当 $0 \leqslant \dfrac{C_2}{\theta(Q_1 - Q_2)} \leqslant 1$ 时成立。

此外,由式(2.4)和式(2.8)可得系统雅可比矩阵:

$$J = \begin{bmatrix} (1-2x)\big[(\theta(Q_2-Q_1)y+\theta Q_1-C_1\big] & x(1-x)\theta(Q_2-Q_1) \\ y(1-y)\theta(Q_1-Q_2) & (1-2y)\big[\theta Q_1x-C_2-\theta Q_2x\big] \end{bmatrix}$$

$$(2.9)$$

由式(2.9)可得,雅可比矩阵的迹和行列式的值分别如式(2.10)和式(2.11)所示:

$$\begin{aligned} \operatorname{tr} J = (1-2x)\big[(\theta(Q_2-Q_1)y+\theta Q_1-C_1\big] \\ +(1-2y)(\theta Q_1x-C_2-\theta Q_2x) \end{aligned}$$

$$(2.10)$$

$$\begin{aligned} \det J = (1-2x)(1-2y)\big[(\theta(Q_2-Q_1)y+\theta Q_1-C_1\big] \\ \bullet\ (\theta Q_1x-C_2-\theta Q_2x) \\ -x(1-x)y(1-y)(\theta Q_2-\theta Q_1)(\theta Q_1-\theta Q_2) \end{aligned}$$

$$(2.11)$$

情形一:当$C_1 > \theta Q_1$、$C_2 < \theta Q_1-\theta Q_2$时,地方政府部门的规制成本高于规制收益,企业规制成本低于因排污量降低所少交纳的税额。此时,演化博弈复制动态方程存在四个平衡点,分别为$(0,0)$、$(0,1)$、$(1,0)$、$(1,1)$。尽管(x_3^*, y_3^*)也是可能的稳定状态,但此时$y_3^* < 0$,不满足稳态成立的条件。表2.1和图2.2分别反映了$C_1 > \theta Q_1$、$C_2 < \theta Q_1-\theta Q_2$条件下均衡点的局部稳定情况和演化博弈相态图。可以看出,该条件下演化稳定策略为$(0,0)$,也就

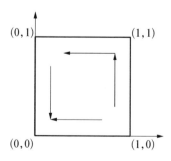

图2.2 情形一的演化博弈相态图

是说,经过动态演化博弈后,如果地方政府的规制成本过高,地方政府往往会放松环境规制,而排污企业也会采取消极的治污态度,即使污染治理的成本低于因减少污染物排放而节省的费用。该结论表明排污企业具有一定的"惰性",较高的固定资本投资以及锁定效应的存在是影响排污企业资源整合与分配的重要原因。

表 2.1　情形一条件下均衡点的局部稳定情况

均衡点	$\det J$ 的符号	$\operatorname{tr} J$ 的符号	稳定性
(0, 0)	+	−	ESS
(0, 1)	−	不确定	鞍点
(1, 0)	+	+	不稳定
(1, 1)	−	不确定	鞍点

情形二: 当 $\theta Q_2 < C_1 < \theta Q_1$、$C_2 < \theta Q_1 - \theta Q_2$ 时,地方政府的规制成本介于两种企业策略下对企业征收的税费之间,企业规制成本依然低于因排污量减少所少缴纳的税费。此时,存在五个均衡点 $(0, 0)$、$(0, 1)$、$(1, 0)$、$(1, 1)$ 以及 (x_3^*, y_3^*)。x_3^*、y_3^* 均介于 0—1,满足稳定状态成立的条件。

表 2.2 展示了该条件下均衡点的局部稳定情况,从中可以看出不存在演化稳定策略,而存在中心点 (x_3^*, y_3^*),由此可见,排污企业和地方政府均选择了混合策略。对于式(2.4),令 $\dot{x} = F(x)$,若初始状态水平 $y > y_3^*$,则 $F(x) < 0$,$F'(0) < 0$,$F'(1) > 0$,由微分方程的稳定性定理可知,此时 $x = 0$ 是稳定状态;若初始状态水平 $y < y_3^*$,则 $F(x) > 0$,$F'(0) > 0$,$F'(1) < 0$,此时,只有当 $x = 1$ 才是稳定状态。同理,令式(2.5) $\dot{y} =$

$G(y)$,若初始状态 $x > x_3^*$,则 $G(y) > 0$, $G'(0) > 0$, $G'(1) < 0$,此时,$y=1$ 是稳定状态;若 $x < x_3^*$,可以得到 $y=0$ 是稳定状态。综上所述,中心点 x_3^* 和 y_3^* 可以将演化博弈相位图划分为Ⅰ、Ⅱ、Ⅲ、Ⅳ四个区域,当初始状态位于区域Ⅰ时,博弈均衡点收敛于$(0,0)$,此时,地方政府实行环境不规制策略,排污企业采取消极的应对措施;当初始状态位于区域Ⅱ时,博弈均衡点收敛于$(0,1)$,此时,地方政府实行环境不规制策略,排污企业采取积极的应对措施;当初始状态分别位于区域Ⅲ和Ⅳ时,博弈均衡点分别收敛于$(1,1)$和$(1,0)$(潘峰等,2015)。$\theta Q_2 < C_1 < \theta Q_1$、$C_2 < \theta Q_1 - \theta Q_2$ 时的演化博弈相位图如图 2.3 所示。

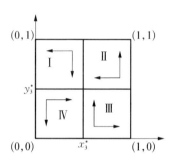

图 2.3 情形二条件下的演化博弈相态图

表 2.2 情形二条件下均衡点的局部稳定情况

均衡点	$\det J$ 的符号	$\mathrm{tr}\,J$ 的符号	稳定性
$(0, 0)$	—	不确定	鞍点
$(0, 1)$	—	不确定	鞍点
$(1, 0)$	—	不确定	鞍点
$(1, 1)$	—	不确定	鞍点
(x_3^*, y_3^*)	+	0	中心点

情形三: 当 $C_1 < \theta Q_2$、$C_2 < \theta Q_1 - \theta Q_2$ 时,地方政府的规制成本低于规制收益,企业污染削减成本低于因排污量降低所少

交纳的税费。此时,演化博弈复制动态方程存在四个平衡点,分别为$(0,0)$、$(0,1)$、$(1,0)$、$(1,1)$。尽管(x_3^*, y_3^*)也是可能的稳定状态,但此时$y_3^* > 1$,不满足稳定状态成立的条件。表2.3

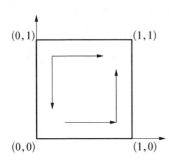

图2.4 情形三条件下演化博弈相态图

和图2.4分别反映了该条件下均衡点的局部稳定情况和演化博弈相态图。从中可以看出,博弈的演化稳定策略为$(1,1)$,即经过动态演化博弈后,若地方政府的环境规制成本和排污企业的污染削减成本均较低,那么,地方政府将实行严格的环境规制策略,排污企业也会采取积极的应对措施。

表2.3 情形三条件下均衡点的局部稳定情况

均衡点	$\det J$ 的符号	$\operatorname{tr} J$ 的符号	稳定性
$(0,0)$	−	不确定	鞍点
$(0,1)$	+	+	不稳定
$(1,0)$	−	不确定	鞍点
$(1,1)$	+	−	ESS

情形四:若$C_1 > \theta Q_1$、$C_2 > \theta Q_1 - \theta Q_2$,此时地方政府的规制成本高于规制收益,企业污染削减成本高于因排污量降低所少缴纳的税费。在四个均衡点中,$(0,0)$是博弈的演化稳定策略,也就是说,若规制成本过高,地方政府会倾向于放松环境规制,企业宁可缴纳排污税费也不愿意采取积极的应对策

略。因此,提高政府部门的规制效率,降低环境规制成本,减少企业排污费率是政府部门应对日益严峻的环境压力、改善空气质量的重要选择。可能的均衡点 (x_3^*, y_3^*) 不满足均衡状态成立的条件。此时的局部稳定情况和博弈相位图见表 2.4 和图 2.5。

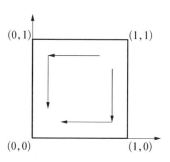

图 2.5 情形四条件下演化博弈相态图

表 2.4 情形四条件下均衡点的局部稳定情况

均衡点	det J 的符号	tr J 的符号	稳定性
(0, 0)	+	−	ESS
(0, 1)	−	不确定	鞍点
(1, 0)	−	不确定	鞍点
(1, 1)	+	+	不稳定

情形五: 若 $\theta Q_2 < C_1 < \theta Q_1$、$C_2 > \theta Q_1 - \theta Q_2$,此时地方政府部门的规制成本介于两种企业策略下对企业征收的税费之间,企业规制成本高于因排污量降低所少交纳的税费。鉴于可能的均衡点 (x_3^*, y_3^*) 不满足稳态点成立的条件,在其余四个均衡点中,(1, 0)是博弈的演化稳定策略,也就是说,在此条件下,政府部门会采取严格的环境规制措施,而由于企业的环境治理成本过高,排污企业更倾向于采取消极的应对策略。表 2.5(左)和图 2.6(左)报告了该条件下的局部稳定情况和博弈相位图。

情形六：若 $C_1 < \theta Q_2$、$C_2 > \theta Q_1 - \theta Q_2$，此时地方政府部门的规制成本低于企业采取积极策略时所缴纳的税费，企业污染削减成本高于因排污量降低所少缴纳的税费。(x_3^*, y_3^*) 不满足稳态点成立的条件，在其余四个均衡点中，$(1, 0)$ 是该博弈的演化稳定策略，也就是说，在此条件下，政府部门会采取严格的环境规制措施，而排污企业更倾向于采取消极的应对策略。该条件下的局部稳定情况和博弈相位图如表 2.5（右）和图 2.6（右）所示。

表 2.5　情形五和情形六条件下均衡点的局部稳定情况

均衡点	情 形 五			情 形 六		
	$\det J$ 的符号	$\operatorname{tr} J$ 的符号	稳定性	$\det J$ 的符号	$\operatorname{tr} J$ 的符号	稳定性
$(0, 0)$	$-$	不确定	鞍点	$-$	不确定	鞍点
$(0, 1)$	$-$	不确定	鞍点	$+$	$+$	不稳定
$(1, 0)$	$+$	$-$	ESS	$+$	$-$	ESS
$(1, 1)$	$+$	$+$	不稳定	$-$	不确定	鞍点

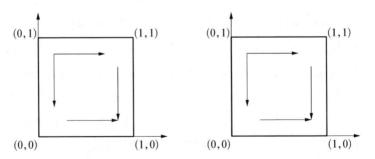

图 2.6　情形五（左）和情形六（右）条件下演化博弈相态图

（三）小结

从上述分析可以看出，如果地方政府的规制执行成本过高，那么不论企业的环境治理成本如何，地方政府均倾向于实行放松环境规制的无为政策。若无地方政府监管，则不论企业污染削减成本如何，企业均会由于惰性效应的存在而实行消极的环境污染应对策略。若排污企业的污染削减成本高于治污所减少的费用支出，而地方政府对积极型排污企业征收的费用超过其所产生的规制执行成本，则尽管地方政府会推行严格的环境规制措施，但排污企业会因过高的污染削减成本而没有动力应对其所产生的污染排放问题。只有当企业的环境削减成本和政府的规制执行成本均较低时，地方政府才会采取严格的环境规制措施，企业才会采取积极的环境应对策略。把地方政府的净收益分为低、中、高三类，企业净收益分为低和高两类，将各种情形下排污企业和地方政府的决策选择进行总结，可得表 2.6。

表 2.6 地方政府和排污企业博弈的策略选择汇总

排 污 企 业

		低	高
	低	（不规制，消极）	（不规制，消极）
地方政府	中	（规制，消极）	（混合，混合）
	高	（规制，消极）	（规制，积极）

综上所述，我们可得出如下结论：（1）地方政府是否采取环境规制措施以及排污企业是否采取积极的污染应对策略具有一定的条件性，净收益大小是决定企业和政府治污态度的根本决定性因素。（2）政府是否采取环境规制策略与净收益密切相

关,若要促使政府加强环境规制力度,一方面要降低环境规制成本,提高政府部门工作效率;另一方面要设法提高政府部门收益。前文仅考虑了政府税费收益额,而现实中,来自上级部门对地方政府节能减排工作的肯定、公众对政府部门污染治理工作的认可都可视为影响政府部门效用函数的重要变量。(3)鉴于演化博弈分析可知,在无政府监管时,排污企业并没有积极减排的动机,因此,要促使企业积极进行节能减排,政府部门必须通过实行严格的环境规制措施倒逼企业的减排改革。同时,为提高企业治理环境污染的积极性,政府部门应该设计合理的税费,或者对积极型排污企业的节能减排行为予以补贴,以降低排污企业削减污染排放的成本。

二、公众环境诉求对污染排放影响的演化博弈分析

上文重点分析了以政府与排污企业为博弈主体的正式环境规制对排污企业行为选择的影响。可以看出,若存在正式环境规制,排污企业在净收益较高时具有积极减排的动机,即排污企业的污染削减行为具有一定的条件性。事实上,以公众参与为主的非正式环境规制力量也在不断崛起,并成为影响政府环境执法和企业排污行为的重要推动力。那么,在正式环境规制的基础上,排污企业与公众围绕环境质量状况又会呈现出怎样的较量?本节将在上节理论分析的基础上,继续运用演化博弈理论和图解法揭示公众影响排污企业污染治理行为的基本动力机制。

(一)模型设定

前文假设存在两个经济主体:地方政府和排污企业,并构建了两大博弈主体的支付矩阵。与之不同,本节假设存在三大

经济主体：地方政府、排污企业和公众，博弈主体为排污企业和公众，地方政府作为政策制定和执行者，在博弈双方出现矛盾时负责组织协调和政策干预。排污企业有两种策略选择｛消极，积极｝，即前者对产生的污染排放和社会影响采取消极的应对措施，后者为减少在当地的污染排放量采取积极型策略。按照公众环境参与程度，公众策略集为｛低，高｝。政府对排污企业实行排污收费政策，费率不仅取决于地方政府财政收支状况，还与公众环境参与度有关，当公众环境污染参与度提高时，政府将提高对企业的收费标准，并部分用于补偿公众因环境污染造成的损失。假设排污企业利润为 R，若其采取消极的污染应对策略，所产生的污染排放量为 Q_1；若采取积极的应对策略，污染排放量削减为 $Q_2(Q_2 < Q_1)$，企业污染削减成本为 C_1。设公众的污染福利损失为 $L(L$ 为负值）。若公众环境参与度较低，公众将无法得到污染补偿金，随着公众环境治理诉求的提高，并对排污企业和政府部门施压，政府对排污企业的税费标准将由 θ_1 提高至 θ_2，与此同时，公众会得到 $\lambda\theta_2$ 的单位补偿额。在公众环境参与度较低时，假设公众的环境参与成本为零；设公众高环境参与度下的成本为 $C_2(C_2 > 0)$。图 2.7 绘制了正式环境规制下排污企业和公众双方的博弈支付矩阵。

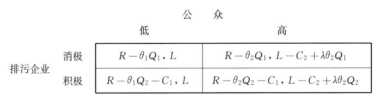

		公　众	
		低	高
排污企业	消极	$R - \theta_1 Q_1,\ L$	$R - \theta_2 Q_1,\ L - C_2 + \lambda\theta_2 Q_1$
	积极	$R - \theta_1 Q_2 - C_1,\ L$	$R - \theta_2 Q_2 - C_1,\ L - C_2 + \lambda\theta_2 Q_2$

图 2.7　排污企业和公众的博弈支付矩阵

（二）模型推导

设排污企业对污染排放采取积极应对策略的概率为 x，公众环境污染参与度较高的概率为 y，x 和 y 均为时间 t 的函数。当排污企业的学习速度较慢时，其采取积极型策略的复制动态方程如式（2.12）所示，环境参与度较高的公众的复制动态方程如式（2.13）所示。

$$\frac{\mathrm{d}x}{\mathrm{d}t} = x(m_1 - \bar{m}) = x(1-x)(m_1 - m_2)$$

$$= x(1-x)\left[(\theta_2 - \theta_1)(Q_1 - Q_2)y + \theta_1 Q_1 - \theta_1 Q_2 - C_1\right]$$

$$(2.12)$$

$$\frac{\mathrm{d}y}{\mathrm{d}t} = y(n_1 - \bar{n}) = y(1-y)(n_1 - n_2)$$

$$(2.13)$$

$$= y(1-y)\left[\lambda\theta_2(Q_2 - Q_1)x + L - C_2 + \lambda\theta_2 Q_1\right]$$

以上两式中，m_1、m_2 分别为排污企业采取积极措施和消极应对措施的期望收益，$\bar{m}$ 为其平均收益；n_1、n_2 分别表示高污染治理诉求公众和低污染治理诉求公众的期望收益，$\bar{n}$ 为其平均收益。

令 $\frac{\mathrm{d}x}{\mathrm{d}t} = 0$，则可能的稳定状态为 $x_1^* = 0$，$x_2^* = 1$，$y_3^* = \frac{C_1 - \theta_1 Q_1 + \theta_1 Q_2}{(\theta_1 - \theta_2)(Q_2 - Q_1)}$，当且仅当 $0 \leqslant y_3^* \leqslant 1$ 时 y_3^* 才可能为稳定状态。

令 $\frac{\mathrm{d}y}{\mathrm{d}t} = 0$，则可能的稳定状态为 $y_1^* = 0$，$y_2^* = 1$，$x_3^* = \frac{C_2 - \lambda\theta_2 Q_1 - L}{\lambda\theta_2(Q_2 - Q_1)}$，当且仅当 $0 \leqslant x_3^* \leqslant 1$ 时 x_3^* 才可能为稳定状态。

该博弈的系统雅可比矩阵为

$$J = \begin{pmatrix} (1-2x)[(\theta_2-\theta_1)(Q_1-Q_2)y+\theta_1 Q_1-\theta_1 Q_2-C_1] & x(1-x)(\theta_2-\theta_1)(Q_1-Q_2) \\ y(1-y)\lambda\theta_2(Q_2-Q_1) & (1-2y)[\lambda\theta_2(Q_2-Q_1)x+L-C_2+\lambda\theta_2 Q_1] \end{pmatrix}$$

(2.14)

该矩阵的迹和行列式分别如式(2.15)和式(2.16)所示：

$$\begin{aligned} \mathrm{tr}\, J = {} & (1-2x)\big[(\theta_2-\theta_1)(Q_1-Q_2)y+\theta_1 Q_1-\theta_1 Q_2-C_1\big] \\ & + (1-2y)\big[\lambda\theta_2(Q_2-Q_1)x+L-C_2+\lambda\theta_2 Q_1\big] \end{aligned}$$

(2.15)

$$\begin{aligned} \det J = {} & (1-2x)\big[(\theta_2-\theta_1)(Q_1-Q_2)y+\theta_1 Q_1-\theta_1 Q_2-C_1\big] \\ & \cdot (1-2y)\big[\lambda\theta_2(Q_2-Q_1)x+L-C_2+\lambda\theta_2 Q_1\big] \\ & - x(1-x)(\theta_2-\theta_1)(Q_1-Q_2)y(1-y) \\ & \cdot \lambda\theta_2(Q_2-Q_1) \end{aligned}$$

(2.16)

本研究将分情况讨论排污企业和公众的博弈支付矩阵的稳定状态。

情形一：若 $C_1 < \theta_1(Q_1-Q_2)$，$C_2 < L+\lambda\theta_2 Q_2$，此时排污企业的污染削减成本低于企业排污减少而节约的税额，公众环境参与成本低于净收益额（企业积极应对措施下公众所获补偿与环境污染损失的差额）。该情况下 $y_3^* < 0$，因此，(x_3^*, y_3^*) 不可能为均衡点，在其余四个均衡点中，经计算，$(1,1)$ 为演化稳定策略。该条件下的局部稳定状况如表 2.7 所示，博弈相位图见图 2.8(左)。

情形二：若 $C_1 < \theta_1(Q_1-Q_2)$，$L+\lambda\theta_2 Q_2 < C_2 < L+\lambda\theta_2 Q_1$，此时排污企业的污染削减成本低于排污减少而节省的

税额,公众环境参与成本介于低参与度下的净收益与高参与度下的净收益之间。该条件下演化博弈的稳定策略为(1,0)。该结论意味着排污企业倾向于采取积极的污染应对措施,受较高的参与成本的影响,公众面对环境污染及带来的损失,更倾向于实施观望对策,其环境参与度较低。此时局部稳定状况和博弈相位图分别如表 2.7 和图 2.8(右)所示。

表 2.7　情形一和情形二条件下的演化博弈稳定状态

均衡点	情　形　一			情　形　二		
	$det\,J$ 的符号	$tr\,J$ 的符号	稳定性	$det\,J$ 的符号	$tr\,J$ 的符号	稳定性
(0, 0)	+	+	不稳定	+	+	不稳定
(0, 1)	−	不确定	鞍点	−	不确定	鞍点
(1, 0)	−	不确定	鞍点	+	−	ESS
(1, 1)	+	−	ESS	−	不确定	鞍点

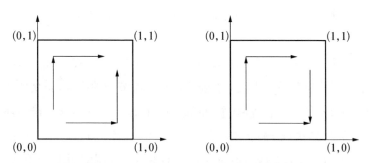

图 2.8　情形一(左)和情形二(右)条件下的博弈相位图

情形三和情形四: 情形三满足条件 $C_1 < \theta_1(Q_1 - Q_2)$, $C_2 > L + \lambda\theta_2 Q_1$,此时企业的污染削减成本低于因排污减少而

少缴的税费,公众环境参与成本高于企业消极减排情形下的净收益。(x_3^*, y_3^*) 不满足稳定状态成立的条件,因此,只存在四个均衡点。该条件下演化博弈的稳定策略依然为 $(1, 0)$,此时,排污企业由于污染削减成本较低会采取积极的应对措施,由于较高的环境参与成本,公众的环境污染治理诉求较低。情形四则假设 $\theta_1(Q_1 - Q_2) < C_1 < \theta_2(Q_1 - Q_2)$, $C_2 < L + \lambda\theta_2 Q_2$。 在该条件下,排污企业的污染削减成本尽管高于低税率下的减排收益,但低于高税率下的减排收益,公众参与环境污染治理的成本低于企业积极减排措施情形下的净收益额,此时的博弈稳定策略为 $(1, 1)$。情形三和情形四的局域稳定状况和博弈相位图分别见表 2.8 和图 2.9。

表 2.8　情形三和情形四条件下的局域稳定状况

均衡点	情　形　三			情　形　四		
	$\det J$ 的符号	$\operatorname{tr} J$ 的符号	稳定性	$\det J$ 的符号	$\operatorname{tr} J$ 的符号	稳定性
$(0, 0)$	$-$	不确定	鞍点	$-$	不确定	鞍点
$(0, 1)$	$+$	$+$	不稳定	$-$	不确定	鞍点
$(1, 0)$	$+$	$-$	ESS	$+$	$+$	不稳定
$(1, 1)$	$-$	不确定	鞍点	$+$	$-$	ESS

情形五: 假设 $\theta_1(Q_1 - Q_2) < C_1 < \theta_2(Q_1 - Q_2)$, $L + \lambda\theta_2 Q_2 < C_2 < L + \lambda\theta_2 Q_1$,此时,存在五个均衡点:$(0, 0)$、$(0, 1)$、$(1, 0)$、$(1, 1)$、$(x_3^*, y_3^*)$,其中 $0 < x_3^* < 1$, $0 < y_3^* < 1$。表 2.9 汇报了该条件下均衡点的局域稳定情况。从中可以看出该条件下不存在演化稳定策略,而存在中心点 (x_3^*, y_3^*),由此

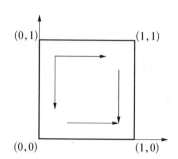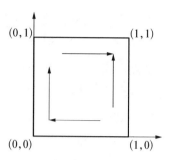

图 2.9　情形三和情形四条件下的博弈相位图

可知排污企业和公众均选择了混合策略。此时,中心点 x_3^* 和

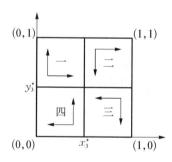

图 2.10　情形五条件下的
博弈相位图

y_3^* 将演化博弈相位图分为四个区域,当初始状态位于区域一时,博弈均衡点收敛于(1,1),当初始状态位于区域二时,博弈均衡点收敛于(1,0),当初始状态分别位于区域三和四时,博弈均衡点分别收敛于(0,0)和(0,1)。该情形下的博弈相位图如图 2.10 所示。

表 2.9　情形五条件下均衡点的局域稳定情况

均衡点	det J 的符号	tr J 的符号	稳定性
(0, 0)	—	不确定	鞍点
(0, 1)	—	不确定	鞍点
(1, 0)	—	不确定	鞍点
(1, 1)	—	不确定	鞍点
(x_3^*, y_3^*)	+	0	中心点

　　此外,情形六至情形九的条件设定及演化博弈结果如表 2.10 所示,博弈相位图分别见图 2.11(a)、(b)、(c)、(d)。在这四种条件下,演化博弈的稳定策略分别为(0,0),(0,1),(0,1)和(0,0)。具体以情形六为例,情形六假设企业污染削减成本介于低规制强度与高规制强度的排污节省费用之间,公众环境参与成本较高,此时,企业倾向于采取消极的应对措施,公众的环境治理诉求相对较低,演化博弈稳定策略为(0,0)。

表 2.10　情形六至情形九条件下均衡点的局部稳定情况

均衡点	情形六 $\theta_1(Q_1-Q_2)<C_1<\theta_2(Q_1-Q_2)$, $C_2>L+\lambda\theta_2Q_1$			情形七 $C_1>\theta_2(Q_1-Q_2)$, $C_2<L+\lambda\theta_2Q_2$		
	$\det J$ 的符号	$\mathrm{tr}\,J$ 的符号	稳定性	$\det J$ 的符号	$\mathrm{tr}\,J$ 的符号	稳定性
(0,0)	+	−	ESS	−	不确定	鞍点
(0,1)	+	+	不稳定	+	−	ESS
(1,0)	−	不确定	鞍点	+	+	不稳定
(1,1)	−	不确定	鞍点	+	不确定	鞍点

均衡点	情形八 $C_1>\theta_2(Q_1-Q_2)$, $L+\lambda\theta_2Q_2<C_2<L+\lambda\theta_2Q_1$			情形九 $C_1>\theta_2(Q_1-Q_2)$, $C_2>L+\lambda\theta_2Q_1$		
	$\det J$ 的符号	$\mathrm{tr}\,J$ 的符号	稳定性	$\det J$ 的符号	$\mathrm{tr}\,J$ 的符号	稳定性
(0,0)	−	不确定	鞍点	+	−	ESS
(0,1)	+	−	ESS	−	不确定	鞍点
(1,0)	−	不确定	鞍点	−	不确定	鞍点
(1,1)	+	+	不稳定	+	+	不稳定

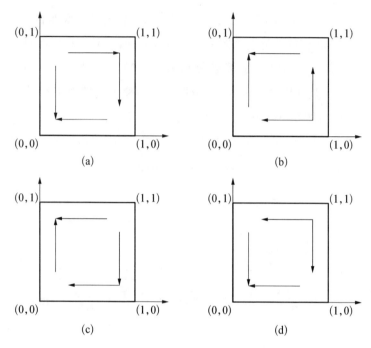

图 2.11 情形六至情形九条件下的博弈相位图

（三）小结

从以上分析可以看出，倘若排污企业的污染削减成本低于任何情形下污染治理的支出节省金额，那么，不论公众参与程度如何，企业都会采取积极的污染治理措施，与之类似，假如公众参与环境治理的净收益高于成本，则不论企业的治污态度如何，公众均有较高的污染治理诉求。将公众和排污企业在此博弈过程中的净收益分为多、一般、少三类，可以汇总得到企业和公众的各种策略选择，如表 2.11 所示。

综上，（1）净收益是决定排污企业治污态度和公众环境参与程度的根本决定因素，因此，排污企业是否积极应对污染问题

表 2.11　排污企业与公众的策略选择

公　众

		多	一般	少
排污企业	多	（积极，高）	（积极，低）	（积极，低）
	一般	（积极，高）	（混合，混合）	（消极，低）
	少	（消极，高）	（消极，高）	（消极，低）

主要取决于污染削减成本、官方税率、污染治理成效（或污染排放
削减量），公众环境参与程度受环境污染损失、企业污染排放量、
税率及单位补偿额的影响。（2）若公众环境参与度较高，则即使
排污企业的净收益一般，企业也将会采取积极型策略；相反，若公
众参与度较低，企业在一般收益面前会采取消极的污染应对措
施。由此可见，公众污染治理诉求的提高有助于加强对企业排污
行为的监督，从而促进企业更积极有效地治理环境污染。（3）若
排污企业积极进行污染治理，则公众参与污染治理的概率较低，
反之，公众具有较高的环境参与度。这表明，公众环境参与度受
企业排污态度的影响，两大博弈主体的行为存在此消彼长的关系。

第三节　理论分析二：基于动态优化的研究

一、正式环境规制影响污染排放的动态优化分析

（一）模型设定

参考 André et al.（2011），假设存在三大经济主体：消费

者、排污企业和政府。消费者是产品市场的购买者,其不直接影响企业的生产决策。企业是合法企业,且处于垄断或垄断竞争的市场环境。市场处于出清状态,影响市场需求或企业产出 q 的因素有两个:产品价格 p 和企业声誉 g。市场需求与产品价格呈反相关关系,与企业声誉呈正相关关系,$t \in [0, \infty)$,当时间为 t 时,企业面临的市场需求为 $q(t) = a + g(t) - p(t)(a > 0)$;当 $p = 0$ 时,产品的市场需求为 $a + g(t)$,此时产品需求达到上限,a 可被视为平均市场潜力,单位产品成本为 c。

假设污染是企业生产过程的副产品,污染与产出之间存在简单的线性关系,即 $e(t) = \beta q(t)$,$0 < \beta < 1$,假设社会或政府部门可以接受的污染水平为 $\bar{e}$。面对严重的环境污染形势,政府通常采用行政命令型或市场导向型方式改善环境质量,其中,征收罚金是典型的行政命令型手段,排污收费或者排污许可方式是基于市场导向性的环境规制手段。在此,本节以排污收费制度为例,假设税率为 $\tau(\tau > 0)$,若企业污染排放量超过了政府可以接受的水平,即 $e(t) > \bar{e}$,那么,企业需要缴纳 $\tau[e(t) - \bar{e}]$ 数量的税金。同样,该结论对于征收罚金和排污许可方式也完全成立,以排污许可证为例,$\bar{e}$ 可视为政府向污染企业发放的排污许可数量,τ 为竞争性市场上许可证的单位价格,如果 $e(t) > \bar{e}$,表明企业的污染排放总量超过了许可数量,企业需要购买的排污许可数量为 $\tau[e(t) - \bar{e}]$。反之,企业可以出售的排污许可数量为 $\tau[\bar{e} - e(t)]$。

鉴于企业声誉会影响产品销量,所以企业通常会在维护声誉方面进行系列开支,如广告宣传、绿色公益行为、公益慈善行为等。参考 André et al.(2011),设企业在此方面的努力程度为

$A(t)$，所带来的企业声誉的边际增加值为 $\theta A(t)$，$\theta(\theta > 0)$ 表示企业声誉宣传的效率。从上述分析可得，企业声誉的变化可表示为

$$\dot{g}(t) = \theta A(t) - \rho g(t), \; g(0) = g_0 > 0 \qquad (2.17)$$

式(2.17)中，ρ 表示衰减率，指如果没有信誉宣传行为时企业声誉贬值的速度。设声誉的初始值 $g(0) > 0$。设企业进行信誉宣传所需要的成本为 $C(A)$，假定 $C(A) = A^2 (A > 0)$，之所以采取简单的二次函数形式，主要是考虑随着企业努力程度的提高，其边际努力程度所带来的费用值也将不断增加，因此，企业声誉努力度与成本维护费用并非是简单的线性正相关关系，这与经济学假设的边际效用递减规律基本一致。

（二）模型推导

若企业为追求利润最大化的行为主体，r 表示折旧率，企业的目标函数和约束条件可表示为

$$\max_{p, A} \pi = \int_0^{\infty} e^{(-rt)} \{[a + g(t) - p(t)](p(t) \qquad (2.18)$$
$$- c - \tau\beta) - A^2 + \tau\bar{e}\}dt$$

$$\text{s.t.} \quad p(t) \geqslant 0 \qquad (2.19)$$

$$A(t) \geqslant 0 \qquad (2.20)$$

式(2.18)为目标函数，式(2.19)和式(2.20)为其约束条件，结合式(2.17)的状态方程，可以得到 Hamiltion-Jacobi-Bellmann (HJB)等式，进而能够计算得到式(2.18)的最优值。设 $V(g)$ 表示值函数，对应的 HJB 等式可表示为

$$rV(g) = \max_{p, A}\{(p - c - \tau\beta)(a + g - p) - A^2 \\ + \tau\bar{e} + V'(g)(\theta A - \rho g)\} \tag{2.21}$$

假设式(2.21)存在内部解,对上式两边分别关于 p 和 A 求导,计算可得:

$$p^* = \frac{a + g + c + \tau\beta}{2} \tag{2.22}$$

$$A^* = \frac{1}{2}\theta V'(g) \tag{2.23}$$

将式(2.22)和式(2.23)代入式(2.21)可得:

$$rV(g) = \frac{(m + g)^2}{4} + \frac{\theta^2 V'(g)^2}{4} + \tau\bar{e} - \rho g V'(g) \tag{2.24}$$

式中,令 $m = a - c - \tau\beta$,假定值函数为二次函数的形式,设

$$V^*(g) = \frac{1}{4}k_1 g^2 + k_2 g + k_3 \tag{2.25}$$

将式(2.25)代入式(2.24),整理可得:

$$\frac{r}{4}k_1 g^2 + k_2 rg + k_3 r = \left(\frac{1}{4} + \frac{1}{16}\theta^2 k_1^2 - \frac{1}{2}\rho k_1\right) g^2 \\ + \left(\frac{1}{2}m + \frac{1}{4}\theta^2 k_1 k_2 - \rho k_2\right) g \tag{2.26} \\ + \left(\frac{1}{4}m^2 + \frac{1}{4}\theta^2 k_2^2 + \tau\bar{e}\right)$$

由此可得:

$$\frac{1}{4}rk_1 = \left(\frac{1}{4} + \frac{1}{16}\theta^2 k_1^2 - \frac{1}{2}\rho k_1\right) \tag{2.27}$$

$$k_2 r = \frac{1}{2}m + \frac{1}{4}\theta^2 k_1 k_2 - \rho k_2 \tag{2.28}$$

$$k_3 r = \frac{1}{4}m^2 + \frac{1}{4}\theta^2 k_2^2 + \tau \bar{e} \tag{2.29}$$

首先对 k_1 进行求解，可得 $k_1 = (2n \pm 2\sqrt{n^2 - \theta^2})/\theta^2$，其中，$n = 2\rho + r$。假设 $n^2 > \theta^2$，则 k_1 的两个值均为正值。为了结果稳定起见，参考 André et al.(2011) 的做法，我们取结果偏小的值作为 k_1 的最终解。将 k_1 的值代入式(2.28)和式(2.29)，计算可得 k_2、k_3 的值。最终，k_1、k_2 和 k_3 的解分别为

$$k_1 = \frac{2n - 2\sqrt{n^2 - \theta^2}}{\theta^2},\ k_1 > 0 \tag{2.30}$$

$$k_2 = \frac{2r + 2\rho - m}{n - \sqrt{n^2 - \theta^2}},\ k_2 > 0 \tag{2.31}$$

$$k_3 = \frac{1}{4r}(m^2 + \theta^2 \left(\frac{2r + 2\rho - m}{n - \sqrt{n^2 - \theta^2}}\right)^2 + 4\tau\bar{e}),\ k_3 > 0 \tag{2.32}$$

其中，$m = a - c - \tau\beta$，$n = 2\rho + r$，将 k_1、k_2 和 k_3 的值代入式(2.22)至式(2.24)，可得企业价格的最优解、宣传支出的最优解以及对应的值函数，分别如式(2.33)至式(2.35)所示。

$$p^* = \frac{a + g + c + \tau\beta}{2} \tag{2.33}$$

$$A^* = \frac{1}{2}\theta\left(\frac{1}{2}k_1 g + k_2\right) \tag{2.34}$$

$$V^*(g) = \frac{1}{4}k_1 g^2 + k_2 g + k_3 \tag{2.35}$$

式(2.33)表明,产品定价与企业信誉呈正相关关系。该结论与我们的经验直觉基本一致,通常,信誉较好的企业拥有更好的品牌形象和消费者认同感,消费者愿意为品牌溢价支付更高的价格(Kriström 和 Lundgren,2003)。与此同时,产品定价与政府环境规制力度呈正相关关系,该结论也是显而易见的。倘若税率提高,企业因污染需要缴纳的税金增多,企业成本提高,为降低税金增加对企业利润的负面影响,提高单位产品价格便成为企业面临的重要选择。式(2.34)中,等式左侧 A^* 可看作企业信誉宣传的边际成本,等式右侧可视为企业信誉宣传的边际收益,两者之间存在等价关系。从式(2.34)可以看出,信誉宣传努力度与企业信誉存在正相关关系,通常信誉越好的企业越倾向于花费更多的成本维护现有的信誉和形象。从式(2.35)可以看出,企业信誉宣传的边际收益是信誉对值函数的边际影响的倍数。

根据式(2.33)、企业污染排放等式以及市场需求函数,可以计算出企业最优污染排放量:

$$e(g,\tau)=\beta q(g,\tau)=\beta[a+g-p(g,\tau)]$$
$$=\beta\left(\frac{a-c-\tau\beta+g}{2}\right)=\beta\left(\frac{m+g}{2}\right) \quad (2.36)$$

从式(2.36)可以看出,企业最优污染排放量与企业声誉呈正相关关系,通常声誉更高的企业更倾向于排放更多的污染,而不需要承担相应的需求损失;企业最优污染排放量与税率呈反比,也就是说,正式环境规制越严格,企业在利润最大化条件下实现的最优污染排放越少。

在将所有的变量均表示为企业信誉的函数后,便可得到式(2.37)的稳态解。即令 $\dot{g}(t)=0$,则可得

$$g=\frac{(2r+2\rho-m)(n+\sqrt{n^2-\theta^2})}{\theta^2(2\rho-n+\sqrt{n^2-\theta^2})} \qquad (2.37)$$

本节将研究政府主导的正式环境规制对企业利润的影响,并确定在哪些条件下环境规制对企业利润具有正向影响。若企业完成了政府规定的排放标准,则 $e<\bar{e}$。企业利润最大化的 HJB 函数可表示为

$$\begin{aligned} H=e^{-rt}\{&[a+g(t)-p(t)][p(t)-c-\tau\beta]\\ &-A^2+\tau\bar{e}\}+\mu[\theta A(t)-\rho g(t)] \end{aligned} \qquad (2.38)$$

其中, μ 为共态变量, $\mu>0$。参考 Caputo(1990)的做法,本节将 HJB 函数与最优解的计算结合起来并得到折扣利润的推导公式。具体来讲,折扣利润的计算过程如下:

$$\frac{\partial\pi}{\partial\bar{e}}=\int_0^\infty e^{-rt}\tau dt=\frac{\tau}{r}\geqslant 0 \qquad (2.39)$$

该结论意味着降低环保标准(即增加 $\bar{e}$)对企业利润具有非负的影响,这主要是因为降低环境保护标准,有助于减少企业的税金支付。通常,税率越高,折旧率越低,环保标准降低带来的企业边际利润越高。

$$\begin{aligned} \frac{\partial\pi}{\partial\tau}&=\int_0^\infty e^{-rt}\{-\beta[a+g(t)-p(t)]+\bar{e}\}dt\\ &=\int_0^\infty e^{-rt}[-e(t)+\bar{e}]dt \end{aligned} \qquad (2.40)$$

式(2.40)中,设 $e(t)$ 表示企业最优污染排放量,可以看出,税率增加所导致的利润增加的边际值为 $\bar{e} - e(t)$。 这意味着,如果企业能够完成污染减排目标,满足 $\bar{e} > e(t)$,那么企业利润将随着税率的提高而增加,相反,如果企业不能完成污染减排目标,企业利润将随着税率的提高而下降。需要说明的是,该部分所指的利润为企业的瞬时利润,企业可能在某个时期完成污染减排目标,但在某个时点不能完成既定目标。长期来看,如果正向累积效应高于负向累积效应,那么,税率变动对企业利润具有正向效应。总而言之,如果企业能够在长期超额完成既定的减排目标,那么税率与企业的折扣利润存在正相关关系。因此,要确定政策效果对利润的边际影响,分析企业在多大程度上完成了既定的减排目标就显得非常重要。

（三）小结

从上述理论分析中,本研究可以得到如下五个结论。

结论一:假设企业是合法企业,或者说社会经济中不存在政企合谋、地下经济、偷排乱排等违规行为,采用动态优化分析方法可以在企业利润最大化目标下得到关于价格、企业声誉及污染排放量的最优解。该结论意味着排污收费制度能够实现利润与环保的双赢。

结论二:企业最优污染排放量与政府部门制定的税率呈负相关关系,这表明官方环境规制强度的提高有助于降低企业最优污染排放水平,正式环境规制对环境污染具有抑制效应。

结论三:企业产品定价与其信誉存在正相关关系,与政府的环境规制力度也存在正相关关系。也就是说,消费者需要为企业的品牌溢价支付更高的价格,同时,消费者也需要分摊政府环境规制给企业增加的部分成本。

结论四：降低排放标准有助于增加企业利润，相反，提高污染排放标准则会影响企业利润的增加。

结论五：如果企业能够完成既定的减排目标，那么企业利润将随着税率增加而提高。因此，要确定政策效果对于企业利润的边际影响，分析企业在多大程度上完成了既定的减排目标就显得非常重要。

二、公众环境诉求影响污染排放的动态优化分析

（一）模型设定

假设经济活动中存在排污企业、消费者（或者公众）和政府三大主体。假定企业是合法企业，处于垄断或垄断竞争的市场环境，市场处于出清状态，与上节 André et al.(2011)对企业产出的设定不同，本节认为，影响市场需求或企业产出 q 的因素有两个：产品价格 p 和公众对企业的环境评价 f，市场需求 q 与产品价格 p 呈负相关关系，企业环境评价有正面评价和负面评价之分，在此我们将 f 视为环境负面评价，其与市场需求呈负相关关系。$t \in [0, \infty)$，假设市场需求与产品价格和公众环境评价是简单的线性关系，当时间为 t 时，企业面临的市场需求为 $q(t) = \alpha - f(t) - p(t)$。单位产品的成本为 c。

假设污染是企业生产的副产品，污染与产出满足简单的线性关系，即 $e(t) = \theta q(t)$，$0 < \theta < 1$。设社会或政府部门可以接受的污染水平为 $\bar{e}$。参考任胜钢等(2019)对我国环境规制的解释，政府对企业污染排放采取两种环境规制措施。一是市场激励型环境规制，具体来讲，$\bar{e}$ 为政府许可的企业排污量，若 $e(t) > \bar{e}$，

即企业污染排放总量超过了许可数量,企业需要购买一定的排污许可额 $\tau[e(t)-\bar{e}]$,τ 为竞争性市场上单位污染许可的价格,反之,若 $e(t)<\bar{e}$,企业可以出售的排污许可额为 $\tau[\bar{e}-e(t)]$。二是行政命令型环境规制,政府通过"关、停、并、转"等命令型手段迫使企业环境合规,该种方式是我国早期采取的主要环境规制手段。参考前文对企业声誉宣传成本的设定形式,这里我们假设企业应对命令型环境规制的成本为 m,并且 m 为环境规制力度 A 的二次函数,即 $m(t)=\lambda A(t)^2,\lambda>0$。 此外,由于行政命令型环境规制的执行成本较高(Tietenberg,1998),环境规制机构不能监管所有的排污企业,设排污企业被检查到的概率为 $1-\pi,0<\pi<1$。 由此,排污企业在 t 期的预期收益可表示为

$$(p-\tau\theta-c)(\alpha-f-p)+\tau\bar{e}-(1-\pi)\lambda A^2 \quad (2.41)$$

下面构建公众环境评价变化的方程。若企业存在超标污染排放现象,即 $e(t)>\bar{e}$,则消费者对排污企业的印象变差,公众环境负面评价增加,设 φ 表示公众对企业环境表现的敏感度,其中,$\varphi>0$,企业超标污染排放 $e(t)-\bar{e}$ 将导致公众负面环境评价增加 $\varphi[e(t)-\bar{e}]$。 同时,公众环境评价还与政府环境规制的力度 A 有关,环境规制力度提升也会导致公众环境负面评价的变化。设 β 表示政府环境规制力度的效率,$\beta A(t)$ 表示政府环境规制对公众环境负面评价的边际值,ρ 代表衰减率。若排污企业没有被环境规制部门检查到,则 t 期企业环境负面评价的变化可表示为

$$\dot{f}_1(t)=\varphi[e(t)-\bar{e}]-\rho f(t), r(0)=r_0>0 \quad (2.42)$$

若排污企业以 $(1-\pi)$ 的概率被环境规制部门检查到,则 t

期企业环境负面评价的变化可表示为

$$\dot{f}_2(t) = \varphi[e(t) - \bar{e}] + \beta A(t) - \rho f(t), \quad r(0) = r_0 > 0$$

$$(2.43)$$

总而言之，t 期企业环境评价的期望变化可表示为

$$\dot{f}(t) = \varphi[e(t) - \bar{e}] - \rho f(t) + (1 - \pi)\beta A(t) \quad (2.44)$$

（二）模型设定

设企业为追求利润最大化的行为主体，r 表示折旧率，企业的目标函数和约束条件可表示为式（2.45）至式（2.47）：

$$\max_{p, A} \pi = \int_0^{\infty} e^{-rt} \{ [a - f(t) - p(t)][p(t)$$

$$- c - \tau\theta] + \tau\bar{e} - (1 - \pi)\lambda A^2 \} dt \quad (2.45)$$

$$s.t. \quad p(t) \geqslant 0 \quad (2.46)$$

$$A(t) \geqslant 0 \quad (2.47)$$

其中，式（2.45）是目标函数，式（2.46）、式（2.47）为约束条件，结合式（2.44）的状态方程，我们可以得到 HJB 等式，并在此基础上计算目标函数的最优值。设 $V(f)$ 表示值函数，对应的 HJB 等式可表示为

$$rV(f) = \max_{p, A} \{ (p - c - \tau\theta)(a - f - p) + \tau\bar{e} - (1 - \pi)\lambda A^2$$

$$+ V'(f)[\varphi(e - \bar{e}) - \rho f + (1 - \pi)\beta A] \}$$

$$(2.48)$$

假设上述 HJB 等式存在内部解，分别对 p 和 A 求导可得：

$$p^* = \frac{a - f + c + \tau\theta - \theta\varphi V'(f)}{2} \qquad (2.49)$$

$$A^* = \frac{1}{2\lambda}\beta V'(f) \qquad (2.50)$$

$$e^* = \theta q = \theta(\alpha - f - p) = \theta \frac{a - f - c - \tau\theta + \theta\varphi V'(f)}{2}$$

$$(2.51)$$

将式(2.49)和式(2.50)代入式(2.48),可得:

$$rV(f) = \frac{(x_0 - f)^2 - \theta^2\varphi^2 V'^2(f)}{4} + \tau\bar{e} - (1 - \pi)\frac{V'(f)^2\beta^2}{4\lambda}$$

$$+ V'(f)\left\{ \varphi\theta \frac{x_0 - f + \theta\varphi V'(f)}{2} - \varphi\bar{e} - \rho f \right.$$

$$\left. + (1 - \pi)\frac{\beta^2 V'(f)}{2\lambda} \right\}$$

$$(2.52)$$

式(2.52)中,$x_0 = a - c - \tau\theta$。对于该式的求解,采用代入法的方式,从该式可以看出,$V(f)$是二次函数的形式,故而设 $V(f)$ 的一般形式为

$$V^*(f) = k_1 f^2 + k_2 f + k_3 \qquad (2.53)$$

将式(2.53)代入式(2.52)可得:

$$rk_1 = \frac{1}{4} + \theta^2\varphi^2 k_1^2 + \frac{\beta^2(1 - \pi)k_1^2}{\lambda} - \varphi\theta k_1 - 2\rho k_1,\text{进而求得}:$$

$$k_1 = \frac{(\varphi\theta + 2\rho + r) - \sqrt{(\varphi\theta + 2\rho + r)^2 - \varphi^2\theta^2 - \dfrac{(1 - \pi)\beta^2}{\lambda}}}{2\left(\varphi^2\theta^2 + \dfrac{(1 - \pi)\beta^2}{\lambda}\right)}$$

$$(2.54)$$

同样可得 k_2、k_3 的值,限于篇幅和研究重点,此处略[①]。在此基础上,我们对式(2.51)和式(2.50)分别计算最优排污量和政府环境规制力度关于企业环境负面评价的导数,可得式(2.55)和式(2.56)。

$$\frac{\partial e^*}{\partial f} = \frac{\theta}{2}(2\theta\varphi k_1 - 1) \tag{2.55}$$

$$\frac{\partial A^*}{\partial f} = \frac{\beta k_1}{\lambda} \tag{2.56}$$

为判断上述两式系数的符号,我们采取数值模拟分析的方法。假定 $\rho = 0.02$,$r = 0.05$,$\theta = 0.2$,$\lambda = 2$,$\pi = 0.6$,随机取 $\beta = 0.2(\beta > 0)$,我们取 φ 大于零的任意数均可得到公众环境评价对企业最优污染排放量的导数为负值,或者说公众环境诉求的边际减排效应为负。同时,我们发现,随着 φ 取值的增大,公众环境诉求对企业最优污染排放量的导数呈递增趋势,如图 2.12 所示,这意味随着公众环境敏感度的提升,公众环境诉求的边际减排效应逐渐下降。同理,假定 $\rho = 0.02$,$r = 0.05$,$\theta = 0.2$,$\lambda = 2$,$\pi = 0.6$,随机取 $\varphi = 4(\varphi > 0)$,我们通过 β 取值的变化观察 A^* 对 f 导数的变化规律。可以得到,在式(2.57)取值(根号内)为正数的前提下,A^* 对 f 的导数为正值,且随着 β 取值的增加,$\partial A^*/\partial f$ 的值呈现出增加趋势,具体如图 2.13 所示。

$$(\varphi\theta + 2\rho + r)^2 - \varphi^2\theta^2 - \frac{(1-\pi)\beta^2}{\lambda} \tag{2.57}$$

[①] 需要说明的是,基于数据稳定性的考虑,式(2.54)式求解二次方程时我们采用了"减号"。

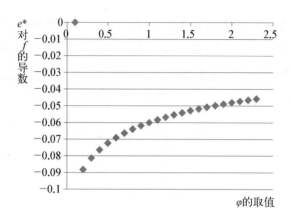

图 2.12 $\partial e^* / \partial f$ 随 ϕ 取值的变化趋势

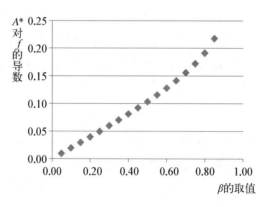

图 2.13 $\partial A^* / \partial f$ 随 β 取值的变化趋势

（三）研究结论

总而言之，根据以上理论分析，我们可以得到以下两个研究结论：

第一，公众环境诉求对企业污染排放具有抑制作用，而且随着公众环境敏感度的提升，公众环境诉求的边际减排效应呈递减趋势。

第二,在一定条件下,公众环境诉求有助于促使政府提高环境规制力度,且环境规制效率越高,公众环境诉求的边际规制效应越强。

第四节　正式环境规制、公众环境诉求影响污染排放的作用机制

一、正式环境规制影响污染排放的作用机制

演化博弈理论分析表明,面对来自政府部门的环境规制,排污企业是否采取积极的应对措施主要取决于净收益。若污染削减成本低于企业减排少交的税费,或者说,污染减排的机会成本较低,在减排问题上企业会采取比较积极的应对措施。也就是说,假设政府对企业减排足够重视,并给予足够的财税政策支持倒逼企业进行节能减排,企业应该有采取积极减排措施的动机。企业排污最优选择机制模型也证明,企业可以将利润最大化目标与污染减排兼顾起来,实现两者的双赢。企业最优污染排放量与税率呈反相关关系,正式环境规制强度的提高有助于降低企业最优污染排放水平。总之,在一定的条件下,提高官方环境规制水平能够起到抑制污染排放的作用。那么,需要思考的是,假设不考虑地下经济、腐败等不合法现象,企业会通过哪些途径进行减排呢? 本节将对该问题予以回答。总体而言,政府环境规制主要通过如下两种途径影响污染排放水平。

（一）绿色技术创新效应

资本劳动投入、技术水平以及环境要素均是影响企业利润的重要变量，面对来自政府部门的环境管制，企业可以通过改变技术水平来实现节能减排目标下企业利润的最大化。通常，技术水平包括绿色技术和生产技术两个方面，环境规制对这两方面的技术进步均具有重要影响。一方面，政府实施的环境规制直接导致了排污企业成本的增加，为减少排污费用企业将增加污染治理方面的技术支出，从而形成"绿色技术进步效应"。因此，环境规制尽管增加了企业的直接费用，但在有些情况下"绿色技术进步效应"可以部分甚至全部抵消环境规制所增加的费用成本，从而增加企业收益。随着企业利润的提高，企业用于环境治理的支出也将同步增加，从而有助于绿色技术的进步与环保支出增加的良性互动，最终实现节能减排和利润增长的双赢（黄德春和刘志彪，2006）。另一方面，正如张成等（2011）所言，环境规制有利于企业生产技术的进步，也就有利于企业产出和利润的增加，利润的增长将使企业有更多的资金用于污染治理和减排，从而形成"创新补偿效应"。以上就环境规制如何通过技术创新影响污染排放的机制进行了论述。尽管理论上能够得到环境规制有利于促进企业技术创新从而减少污染排放的结论，但在围绕技术创新的减排效应进行实证检验的过程中，学界仍然存在"创新制约论"和"波特假设论"两种截然不同的观点。

（二）污染转移效应

污染转移效应是正式环境规制能否产生减排效应的第二条作用路径。企业进行环境决策主要基于成本收益分析，因此，经济利润驱动是企业进行区位选择的根本原因。随着一个地区环境规制程度的提高,企业缴纳的污染税费也在增加,如果企业进行技术改进的成本偏高,那么,环境规制门槛的提高会推动污染产业的转移。与此同时,在以 GDP 论英雄的政绩考核机制下,污染产业转入地为引进资本和技术、提升地区经济增长速度,往往会放松对高污染、高排放产业的管制程度,从而出现"向底线竞争效应"。这样,转入地便接收了转出地落后的产业类型,转入地环境污染可能会呈现加剧的态势,从而形成"污染泄漏效应"。从实践层面来看,污染产业转移既有发达国家或地区向不发达国家或地区转移的"污染避难所"现象,也存在污染产业向周边邻近地区转移的"以邻为壑"现象,还存在污染产业向环境规制真空地带转移的"跨界污染"现象。理论上,经济学者常用 CP 模型、FC 模型、FCVL 模型等分析地区环境政策差异对资本收益率以及企业分布的影响,其结论基本认为环境规制会造成资本从规制地区向非规制地区的流动,规制地区的污染尽管减少,但非规制地区的环境污染会相应恶化。比较典型的例子是在大规模爆发的雾霾污染面前,为了维护北京首都的形象和地位,2014 年北京市实施了将 500 多家排放不达标的污染企业转移至邻近的河北、天津等地的计划,而这些被转出的企业多为低端的污染产业类型,故而河北等地沦为这些低端污染产业类型的承接地。尽管北京市在产业结构的合理化和高级化方面实现了优化,但从 2015 年北京市频频爆表的雾霾现象来看,在空间溢出效应和污染传输效应的影响下,北京市空气质量并没有得到根本改善,反而受到邻近地区雾霾污染的严重影响。

二、公众环境诉求影响污染排放的作用机制

从理论分析可以看出,公众环境诉求主要通过两种途径影响污染排放。正式环境规制措施的实施是公众环境诉求产生减排效应的第一条作用机制。公众向政府部门反映其环境污染治理的诉求,政府部门进而采取正式环境规制措施干预企业(个体)的污染排放状况。显然,在公众环境诉求对环境污染的影响中,政府部门主导的正式环境规制措施发挥了明显的中介角色,具体来讲,这一影响机制主要反映在两个方面:一是公众通过上访、信访、集会、游行、诉讼等方式向相关部门表达其环境治理诉求,以催促地方政府或上级政府对环境污染者予以处罚并补偿受损公众的环境污染损失,这是传统的非正式环境规制的基本方式;二是通过媒体宣传、社会舆论等方式,随着互联网技术的广泛使用,公众受教育水平的不断提高,信息传播的速度和环境信息的透明度也在不断提高,信息化程度的提高促使地方政府加大对排污企业或个体的执法力度,从而有助于促进企业加强排污技术研发、提高生产效率、减少污染排放。

企业策略选择是公众环境诉求产生减排效应的第二条作用机制。具体来讲,公众环境诉求和媒体关注引发的舆论压力不可避免地会引发地方政府乃至中央政府的关注,面对政府环境规制程度的提高,企业可能会采取两类措施,一是通过加强污染治理、增加环保投资、加快绿色技术创新的方式应对环境监管和公众诉求;二是通过不具有持续性的表面环境行为转移社会舆论,如进行污染产业的内部转移或跨区转移。同时,如果公众环保意识增加,对环境关注度较高,其在产品市场上更偏好绿色商

品和清洁型企业,公众的"用脚投票"行为促使企业加大环保投资并追求清洁生产技术,进而推动企业减排降污。

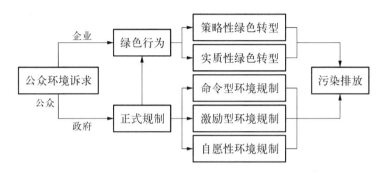

图 2.14 非正式环境规制影响污染排放的作用机制

图 2.14 反映了非正式环境规制影响污染排放的作用机制。公众环境诉求通过影响政府和企业这两个经济主体的行为来影响污染排放。对于政府部门来讲,其采取的正式环境规制措施是公众环境诉求能否发挥减排效应的重要传导机制。同时,根据正式环境规制的内涵和分类,正式环境规制被划分为行政命令型环境规制、市场激励型环境规制和自愿性环境规制三个方面。其中,行政命令型环境规制旨在制定环保法律、法规,为企业确立环保标准和规范,促使企业向绿色生产行为转变、行业向绿色转型方向发展。市场激励型环境规制主要通过市场化工具将企业排污行为内部化,使企业在利润最大化或成本最小化约束下达到减排的目的;自愿性环境规制则体现了企业是否主动参与环境保护的意愿(韩超,2014;王书斌和徐盈之,2015)。对于企业来讲,其能否在舆论压力下进行实质性绿色转型才是公众环境诉求发挥减排效应的关键。

第三章 正式环境规制、公众环境诉求与污染排放的特征性事实

第一节　我国环境规制的演变过程

一、我国环境规制的历史进程

我国环境规制的历史可分为如下四个发展阶段。

第一阶段（1949 年至 20 世纪 70 年代）：此时期是我国环境规制体系的起步阶段。中华人民共和国成立初期，百废待举、百业待兴，我国还没有建立专门解决环境问题的相关机构。随着大规模工业化进程的开展以及经济的恢复和发展，环境恶化问题开始显现。1972 年官厅水库上万条鱼死亡，此事引发了我国政府对环境污染问题的重视。为解决该问题，国务院成立了官厅水系水源保护领导小组，该领导小组是国家成立的最早环保部门。1973 年，我国成立了国家级别的生态环境保护机构——国务院环境保护领导小组办公室。1979 年《中华人民共和国环境保护法（试行）》[以下简称《环保法》（试行）]的颁布，标志着我国环境保护事业正式开始展开。

第二阶段（20 世纪 70 年代至 20 世纪 80 年代末）：我国环保组织体系的初步建立阶段。1979 年以后，随着乡镇企业的兴起与发展，我国环境污染开始从城市蔓延至农村，环境污染不断

加剧,为此,政府也加快了环境保护的步伐。1984年,我国成立了国务院环保委员会,同年将城乡建设环保部改为国家环保局,这标志着我国已经初步形成环境管理组织体系,环境管理机构的职能也在不断加强。在大气污染治理方面,1982年我国发布了《环境空气质量标准》,并根据国家经济社会发展状况和环境保护要求进行适时修订。

第三阶段(20世纪80年代末至1996年):环保法律法规的建立和完善阶段。1989年,我国颁布实施了《中华人民共和国环保法》(以下简称《环保法》),确立了统一监管与分级分部门规制相结合的环境规制体制。随后,又颁布了关于大气污染治理、水污染防治、噪声和固体废弃物治理等方面的具体性法律,如《大气污染防治法》《海洋环保法》等,这些法律法规会根据实际情况进行适时修订。其中,《大气污染防治法》明确提出各地方要逐步减少或控制向大气排放的污染物总量要求,同时,还要求对机动车船排放的大气污染物实施监督管理,对排放二氧化硫的火电厂和其他大中型企业提出技术上的要求,对向大气排放的含有毒物质的废气和粉尘提出严格的限制,对燃烧秸秆等产生的大气污染物提出限制性要求。

第四阶段(1996年以后):环境规制深化阶段。伴随着工业化和城市化的飞速发展,我国出现了越来越严重的生态环境问题,这也意味着环境治理的压力不断加大。为此,1996年以后,国务院出台了一系列环保法律、法规,并阐明了可持续发展的重要思想。1998年,我国将国家环保局升级为部级单位,这体现出国家对环境保护的重视,凸显了环保职能部门的重要性。21世纪初,科学发展观提出了建立"资源节约型、环境友好型"社会的战略构想(江珂,2010)。十八大报告强调了推进生态文明建设的重要性,并提出要将其与经济、政治、文化、社会建设相结合,将生态文明建设纳入中国特色社会主义事业"五位一体"总体布局。2013 年 9 月,我国政府出台了《大气污染防治行动计划》,提出 2017 年各地级市降低雾霾污染排放的具体目标,并明确了三大城市群(京津冀、长三角和珠三角)的具体减排指标。2015年,新的《中华人民共和国环境保护法》正式施行,对企事业排污行为实施严惩重罚。2018 年,我国将"生态文明"写入宪法,召开全国生态环境保护大会,正式确立习近平生态文明思想。党的二十大报告指出,要"牢固树立和践行绿水青山就是金山银山的理念,站在人与自然和谐共生的高度谋划发展",在环境治理方面,应该"协同推进降碳、减污、扩绿、增长,推进生态优先、节约集约、绿色低碳发展"。此阶段,通过改革排污许可证、推行企事业信息公开、实施生态红线管控和推行生态环境保护督察等措施,我国基本形成了大环保格局(吴舜泽等,2020)。

二、我国环境规制的制度演进

(一)以命令控制型为主的环境规制阶段

我国命令控制型环境规制主要可分为以下四种:一是环境影响评价制度。1979 年颁布的《环保法》(试行)最早对该项制度进行了阐述。环境影响评价制度是指在一定的方法指导下,对即将实施或开工的大型工程建设或规划等项目可能产生的环境影响进行事先判断,在此基础上,评价该项目实施对当地环境质量的负面影响程度,然后提出防治或缓解环境损害的具体措施。二是"三同时"制度。1973 年,《关于保护和改善环境的若干规定(试行草案)》中对该项制度进行了明确界定。"三同时"制度要求新建、改建或扩建项目的环保设施，必须与主体工程同时设计、同时施工、同时投产使用。"三同时"制度来源于 1970 年以后污染防治工作的具体实践，是我国实行较早的一项环境管理制度。三是限期治理制度。1989 年颁布的《环保法》对限期治理的范围、对象以及处罚措施等作了明确的规定。该制度要求各级政府部门要对造成环境污染的相关单位发布限期治理命令，对于不能达到要求的单位要采取关、停、转、迁等措施，限期治理制度是一项治理环境污染的强制性制度。四是排污许可证制度，2004 年，我国开始在唐山、杭州等地开展排污许可证试点工作，并在此基础上全面推行排污许可证制度以推进污染防治工作的进一步开展。

（二）经济激励政策推广应用阶段

经济激励型政策主要包括三类。一是环境税费制度，该项制度是庇古税理论在环境领域的重要实践。1979 年颁布的《环保法》（试行）对该项制度进行了明确界定。1982 年环境税费制度开始实施。2002 年 1 月，国务院通过了《排污费征收使用管理条例》，随后通过的《排污费征收标准管理办法》和《排污费资金收缴使用管理办法》也于 2003 年 7 月开始实施。二是押金返还政策。所谓押金返还制度是对购买污染产品的消费者征收一定数量的押金，只有当被消费的产品满足相应条件，才能将消费者的押金予以退回的一种制度安排。押金返还制度依靠经济激励的方式促使消费者自觉处置对环境具有负面影响的商品或服务，不仅降低了环境监管成本，还有利于激励企业或个人减少污染。三是交易许可证制度，该项制度是一种市场导向型的用于解决环境污染负外部性的污染治理手段。其运行机制如下：政府拍卖既定数量的排污许可,而只有获得污染许可的企业才能够排放污染物,在此前提下,企业可以将多余或者不足的许可进行出售或者购买,因此,交易许可证制度通过排污权利的界定和交易,有助于推进污染减排和资源的优化配置。

在社会实践方面,20 世纪 80 年代,上海首先尝试了排污权有偿转让。1999 年,原国家环保总局在本溪和南通开展了 SO_2 排污权交易的试点工作。2000 年以来,原国家环保总局先后出台了《二氧化硫排污许可证管理办法》《二氧化硫排放权交易管理办法》等系列政策。2007 年我国政府在江苏、天津、浙江、河北、山西、重庆、湖北、陕西、内蒙古、湖南、河南 11 个省份正式启动 SO_2 排污权交易试点工作。2014 年国务院办公厅印发的《关于进一步推进排污权有偿使用和交易试点工作的指导意见》指出,排污权交易制度的推行是中国环境资源领域一项重大的、基础性的机制创新和制度改革,是生态文明制度建设的重要内容(任胜钢等,2019)。SO_2 排污权交易的成功试行为碳排放权交易试点工作的推行提供了重要借鉴。2011 年,我国确定在北京、天津、重庆等七个省市开展碳排放权交易试点,并于 2017 年全面启动全国碳排放权交易体系。

（三）以信息手段和公众参与为特色的政策创新阶段

此阶段的环境规制政策包括信息公开、自愿协议、环境认证及环境听证制度。第一,信息公开制度。该项制度是由政府机构组织实施的、要求企业或政府部门及时公布环境质量的一种制度安排。当前,我国已经明确要求排污企业主动公开污染排放相关信息,如污染物排放种类、排放量、超标量、排污设施建设和运行状况等内容。对于地方政府和环境保护部门,要及时召开新闻发布会,披露环境污染和治理等信息以保障公众对环保问题的知情权和参与权。具体而言,《中国的环境保护(1996—2005)》明确提出对地级市及以上城市空气质量、重点流域水质、环保重点城市水源地水质等进行及时监测和发布的要求。

第二,自愿协议制度。自愿协议指企业承诺在一定时间内超额完成减排目标。自愿协议以企业参与为主,但离不开政府的指导和协调。2003年4月,山东省政府与济南钢铁集团总公司、莱芜钢铁集团有限公司签署协议,两家企业承诺在3年以内节约煤炭消耗100万吨标准煤,这是我国历史上第一份自愿协议。

第三,环境认证制度。环境认证制度包括体系认证和产品认证,即国际环境管理体系认证(ISO14000)和环境标志认证。ISO14000环境管理系列标准是1993年国际标准化组织(ISO)负责起草的国际系列环境管理标准。自1996年ISO公布首批ISO14000系列规范以来,原国家环保总局对其施行就高度重视,并在全国范围内开展了环境管理体系认证试点工作。1997年,我国成立了中国环境管理体系认证委员会以进一步推动环境管理体系认证的标准化和规范化。对于环境标志产品认证,我国政府部门也高度重视,自1995年我国开始进行环境标志产品认证以来,其产品数量和种类都取得了较大的发展(江珂,2010)。

第四,环境听证制度。2002年通过的《环境影响评价法》首次对环境听证制度进行了相关阐述。该项法律规定,对可能对环境产生负面影响的项目或规划应该举办听证会或者论证会,一方面保证民众的知情权,另一方面征求专家或者公众的具体建议。2004年我国环境听证制度正式实施,以法律的形式保证公民参与环境政策制定的权利(江珂,2010)。

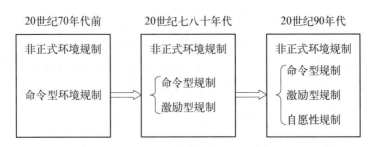

图 3.1　我国环境规制的基本演变历程

以上对我国环境规制的历史进程及制度演进做了基本介绍。我国环境规制呈现出如下特点：第一，环境规制从以政府为主导，逐渐扩展到以市场为基础，在政府主导功能相对弱化的同时，监管职能有所增强；第二，从参与主体来看，来自公众和社会团体的非正式环境规制力量贯穿始终，并发挥了越来越强的舆论和监督功效，这在很大程度上促进了环境污染治理能力的提高；第三，从环境规制的内容来看，其规制程度日益完善，规制水平不断提高。图 3.1 反映了我国环境规制的基本演变过程。

第二节　正式环境规制、公众环境诉求的特征性事实

一、正式环境规制的描述统计

目前国内外学者已经就环境规制开展了较为丰富的研究，总体而言，国内外学者所指的环境规制主要是正式环境规制，常用的正式环境规制度量指标主要有如下四种类型：一是污染排

放量指标,用污染物排放总量、增量、综合或者强度表示(董直庆和王辉,2019);二是用政府立法、执法、监管的水平衡量环境规制力度,如政府颁布的环境法律法规数量、地方环境污染或纠纷案件处罚数量(王云等,2017);三是基于排污费征收量、污染治理投资额、污染治理运行费用等构建环境经济规制强度指标(张成等,2011;童健等,2016;杜龙政等,2019);四是在上述指标的基础上构建综合型的环境规制指标。

借鉴现有研究在指标度量方面的经验,考虑到环境规制的内涵和演变过程以及数据的可得性,我们采用如下指标度量正式环境规制水平:(1)对于行政命令型环境规制,采用环境行政处罚案件数表示,与此同时,参考李树和翁卫国(2014),我们还考察了当年颁布的地方性环保法规数和地方性环保规章数这两个指标;(2)对于市场激励型环境规制,借鉴王书斌和徐盈之(2015)的做法,用各地区排污费用①与工业总产值之比度量;(3)对于自愿性环境规制,以环境认证制度为例,采用地方政府颁布的环境标准数予以度量。

(一)行政命令型环境规制

中国各省份在自然条件、地理特征、环境质量以及污染排放量等方面的差异决定了各地区行政命令型环境规制水平存在显著的区别。图3.2以2000—2020年环境行政处罚案件总量②为例,报告了各地区环境执法的区域差异。可以看出,辽宁是环境

---

① 我国自2018年1月1日起推行环保费改税,因此,2018年及以后数据为环保税金额,但考虑到按照环保费改税是按照"税负平移"的原则进行的平稳转移,我们认为费改税并未引起数据的结构性变动。

② 该组数据在2016—2018年的统计口径是下达处罚决定书的数量。需要说明的是,省级数据样本没有包括西藏。

执法最严格的省份,2000—2020 年行政处罚案件数达 20.30 万之多,其次是广东,宁夏、海南和青海是环境执法总量较少的地区。通常情况下,重工业占比较高的经济大省面临更大的环境规制压力,而生态环境脆弱、经济欠发达、第二产业占比较低的地区,其环境执法的力度相对较低。

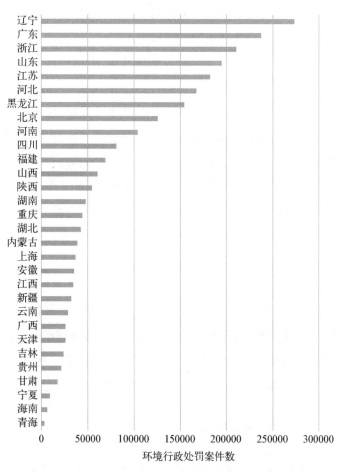

图 3.2　2000—2020 年各地区执行的环境行政处罚案件数

与此同时,我们也比较了环境立法(包括环境法规和环境规章)的区域差异,如图 3.3 所示①。可以看出,广东是颁布法规最多的省份,2000—2018 年共颁布了 61 条环保法规,其次是湖南;青海、新疆、宁夏、广西和上海是颁布地方性环境法规相对较少的省(市)。上海是以第三产业为主,同时强化高端产业引领经济的地区,产业布局合理,故而环境立法相对较少;而青海、宁夏、广西等较为落后的中西部地区的环境规制水平还有待提升。通常而言,工业基础雄厚、人口基数庞大的经济大省(如广东、山东、江苏)面临更大的减排压力,从而会制定更多的环境法规并实行更严格的环境规制政策。在环境规章制定方面,湖北、湖南和四川的排名位居前列,究其原因,一是这三个省的钢铁、建材等传统行业占工业的比重较大,产业转型升级任务艰巨,加强环境规制有助于倒逼产业结构转型;二是这三个处于长江经济带的省份面临更严峻的生态环境形势,在发展导向上应以生态优先、绿色发展为引领,共抓大保护、不搞大开发,因此,这三个省面临更紧迫的生态环境建设任务。

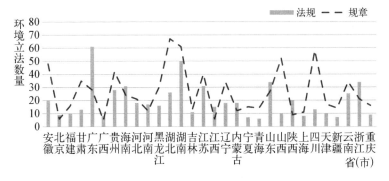

图 3.3 1998—2018 年各地区颁布的环境法规和规章总数

① 受数据可得性的限制,环境法规和环境规章的数据仅截至 2018 年。

（二）市场激励型环境规制

市场激励型环境规制体现了市场机制对企业决策的引导作用，市场激励型环境规制以增加企业排污费用的方式将环境污染因素作用于企业的生产函数，从而对企业利润以及生产决策和污染排放决策施加影响。图3.4反映了2000—2020年我国各省排污收费占工业增加值比重的年均值。从图3.4中可以看出，山西省是我国排污收费占比最高的地区，这与该省以高能耗、高排放、高污染重工业为主的产业结构、较高的煤炭资源依赖度、相对严重的环境污染等因素有关。贵州省的排污收费占比次之。上海市的排污收费占比最低，这可能归因于上海市产业结构的合理化与高级化。

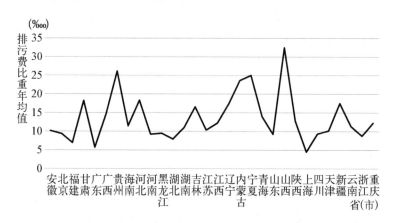

图3.4　2000—2020年各地区排污收费比重年均值

（三）自愿性环境规制

图3.5报告了2000—2018年我国各省制定的环境保护标准总数，可以看出，北京市和上海市在环境保护标准的制度建设方面走在全国前列，云南尚没有制定环境保护标准，而安徽、贵

州、黑龙江、江苏、辽宁、宁夏、陕西、四川、新疆等地的环境保护标准建设则处于较低的水平。

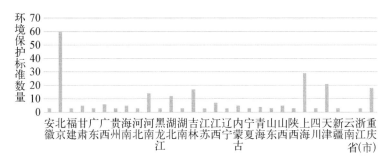

图 3.5 2000—2018 年各地区制定的环境保护标准总数

二、公众环境诉求的描述性统计

对于公众环境诉求的度量指标,国内外学者也进行了较多的探索,这些研究多采用以下四种度量方法:一是公众环保举报件数、环境信访人数、承办的人大建议和政协提案数(Dong et al.,2011)等;二是非政府组织发布的企业环境信息披露水平(Li et al.,2018;Pien,2020);三是报纸等媒体关于企业环境表现的报道数量(Saha 和 Mohr,2013)等;四是谷歌或者百度的环境搜索量或者搜索指数(郑思齐等,2013;李欣等,2022)。本部分除采用各级人民代表大会(以下简称人大)建议数和政协提案数度量公众环境诉求外,还采用了上述第四种度量方法,通过百度搜索引擎进行网页搜索,以获取各省份和工业企业关于大气污染信息的网页数量。

(一)传统指标——承办的人大建议数和政协提案数

传统上,公众往往通过集会、游行、上访、诉讼等途径表达其对环境污染治理的诉求,特别地,在我国,人大建议或政协提案在公众参与环境参与中发挥了非常重要的作用。图 3.6 以我国的环境主管部门承办的人大建议数和政协提案数为例,分析了公众参与环境保护行为的基本特征。从历史趋势来看,2000—2017 年我国的环境主管部门承办的人大建议和政协提案的年均值整体呈上升趋势,而在 2018 年和 2019 年其年均值有所下降。2014 年,我国的环境主管部门承办的人大建议数达到历史最高值,总量为 8 144 项。2012 年,政协提案数达到历史最高值,达 13 124 项之多。

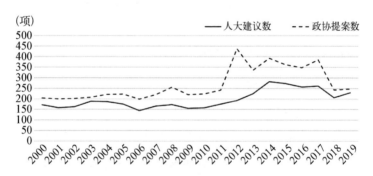

**图 3.6 2000—2019 年我国的环境主管部门承办的人大
建议数和政协提案数年均变化趋势**

在上述分析的基础上,表 3.7 进一步报告了 2000—2019 年各省份与环境相关的人大建议数和政协提案数的年均值。可以看出,四川省是政协提案数最高的省份。我们认为这可能归因于如下三个方面:四川省是全国人口较多的省份(排名第四),较大的人口基数是政协提案数较多的原因之一;丰富的资源禀赋使四川省对能源资源的依赖度较高,过高的资源依赖和能源消耗将伴随产生大量的污染排放,再加上四川省地处盆地,污染不易扩散,从而加剧了该省的污染状况。2012 年四川省什邡市市民为反对钼铜项目建设而引发的环境污染问题,最终演变为一起群体性环境事件,这一公众环境参与行为无疑对社会环境治理和环境规制执行产生了重要影响。宁夏、青海和海南的环境质量较高,故而与环境相关的人大建议和政协提案数相对很少。

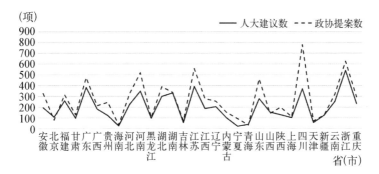

图 3.7　2000—2019 年各省份生态环境部门承办的人大建议数和政协提案数年均变化趋势

（二）现代指标——基于各省份网络舆论的数据

近年来,随着互联网技术的普及以及手机、平板电脑等即时通信工具的智能化发展,网络媒体作为新型的信息传播媒介,开始在影响公众社会参与方面发挥越来越强大的功能。具体到环境规制领域,随着公众通过网络媒体参与环境事件主动性的增强,公众对开展环境污染治理的呼声也越来越高。目前,已有部分国内外学者开始利用网络媒体度量公众对环境污染的关注度,如郑思齐等(2013)、徐圆(2014)、李欣等(2022)等。

本部分采用百度搜索引擎进行网页搜索,以获取 2000—2020 年各省份关于大气污染信息的网页数量。数据搜集过程为:采用谷歌浏览器,在百度搜索引擎上输入关键词"大气污染"

及对应省份;在搜集工具中设定时间;从网页源代码中查找大气污染词条出现的网页数量。2000 年 1 月百度搜索正式创立,故而,该指标的初始年份被设置为 2000 年。之所以选择百度搜索,主要是考虑到百度搜索是全球最大的中文搜索引擎,拥有全球最大的中文网页库,对中国各省份大气污染状况有更多、更详细的报道。此外,与徐圆(2014)不同的是,本部分我们没有采用新闻搜索,主要采用的是百度引擎关于大气污染的网页搜索量。这不仅是因为自 2003 年以后,百度才能提供相应的新闻搜索数据,相比网页搜索,新闻搜索数据的时间跨度会受到一定约束,更重要的是,百度提供的新闻搜索数据并非完全准确。

我们研究了 2010 年和 2020 年用百度搜索引擎得到的大气污染词条的网页搜索量所表征公众环境诉求的地理分布状况。可以看出,2010 年,公众环境诉求整体上处于较低水平,百度污染搜索量相对较低,其中,新疆和上海的百度污染搜索量最高,其次是甘肃、福建、广东等地区。2020 年,百度污染搜索量较 2010 年出现了质的提升,年均值从 31.83 万条增加到 766.4 万条,年均增幅高达 207.62%,其中,北京、上海、山东、四川、浙江、河北、江苏等地的数值最高。简而言之,百度污染搜索量较高的省份主要包括两类地区:一是经济发展水平和污染密度较高的地区;二是生态环境脆弱、在生态功能定位上属于限制发展的西部地区。通常这两类地区的公众对大气污染具有较高的关注度,政府和企业可能面临较大的环境规制压力。

(三)现代指标——基于企业百度环境搜索的数据

为进一步考察微观层面公众环境诉求的特点和演变规律,我们将中国工业企业数据库和中国工业企业污染排放数据库的数

据进行匹配,得到 1998—2012 年共 114 341 家工业企业、414 211
个样本观测值。具体来讲,我们首先进行了数据库匹配,具体操
作步骤如下:首先,按照要求对中国工业企业数据库自身进行面
板数据匹配,参考 Brandt et al.(2012,2014)的方法对工业企业
进行序贯匹配,最后的匹配结果与已有研究的结果基本保持一
致(寇宗来和刘学悦,2020);其次,参考 Wang et al.(2018)、陈
登科(2020)、徐志伟和刘晨诗(2020),利用年份、法人代码、企业
名称和省地县码等信息,将中国工业企业数据库和中国工业企
业污染排放数据库进行匹配,此次匹配我们共获得 3 595 697 个
观测值,时间跨度为 1998—2012 年,涉及 782 331 家工业企业。

　　在上述基础上,参考对工业企业数据库的标准处理方法(聂
辉华等,2012;杨汝岱,2015;陈林,2018),我们按照下列过程进
行样本处理:(1)剔除无污染排放数据的观测值;(2)剔除固
定资产合计和流动资产合计大于资产总计的观测值;(3)剔除
固定资产合计、产品销售收入和中间投入合计小于 0 的观测值;
(4)剔除全部职工人数小于 5 人的观测值;(5)剔除化学需氧
量排放量、工业总产值现值以及其他相关控制变量缺失的观测
值。最终,经过筛选,我们得到 1998—2012 年共 114 341 家工
业企业、414 211 个样本观测值。

　　在以上匹配结果的基础上,我们对上述 11.43 万家工业企
业按年份在百度搜索引擎中进行网页检索,检索关键词分别为
"企业名称＋污染"和"企业名称＋环境保护＋排放",进而得到
各企业的年度检索数量,以表征公众环境诉求水平。在此过程
中,由于数据量庞大,我们采用 python 工具进行数据挖掘。需
要说明的是,百度搜索引擎得到的检索数量并非百分百精准:

第一,这与百度搜索引擎的处理机制相关,百度搜索结果并不是提前计算好的,而是从第一次搜索结果开始不断精确化,其搜索结果在源代码的展示形式为近似值;第二,百度公司有很多服务器,人们访问百度搜索引擎得到的结果往往是距搜索地最近的服务器提供的结果,因此,不同地区的搜索结果可能存在小幅出入。基于此,为保证数据搜索质量,我们首先在北京和上海两个地区分别试爬取相关数据,得到两次搜索结果的误差不超过5%,在此基础上,再抓取得到公众环境诉求的度量指标。

需要强调的是,受数据可得性的限制,我们选择1998—2012年作为样本区间。然而,这并不影响本研究核心解释变量——公众环境诉求指标的获取以及实证工作的有效开展。1998年第九届全国人民代表大会第一次会议批准成立信息产业部以推进国民经济和社会服务信息化的发展,这表明国家开始对信息产业的发展给予了高度重视,因此,我们选择1998年为初始年份。同时,1998—2012年,我国互联网发展呈现出欣欣向荣之势,根据1997年10月底发布的《中国互联网络发展状况统计报告》①,我国上网计算机数仅为29.9万台,上网用户数为62万人,到2012年6月底,我国手机网民规模首次超过台式电脑用户,达到3.88亿②。由此可见,伴随着互联网的蓬勃发展,我们在1998—2012年这一样本区间内足以通过百度搜索引擎获取公众环境诉求的演变规律。

---

① 该报告由中国互联网发展信息中心(CNNIC)统计,是我国首次对Internet发展状况做出全面、准确评价的权威性统计报告。
② 数据来源为《第30次中国互联网络发展状况统计报告》。

2012 年,污染企业名单覆盖了全国 300 多个城市[1],样本覆盖面较广,这侧面表明,我们采用中国工业企业污染排放数据库作为数据来源足以体现企业污染排放的空间分布特征。工业污染企业在地理分布呈现出"胡焕庸线"规律,即在"黑河—腾冲线"东南侧,污染企业分布较为密集,而在该线西北侧,污染企业分布比较稀疏。该线右侧的东南各省市城镇化水平较高,经济较为发达,其工业企业数量也相对较多,仅沿海 9 省 2 市(不包括港澳台)的工业企业占比就高达 59.88%。污染企业分布的地理不均衡性为后续企业层面公众环境诉求影响企业污染排放的实证检验提供了基本依据。此外,基于公众对上述 4.27 万家工业企业关于"企业名称+污染"的百度环境搜索数据,可得到地级市层面公众环境诉求的地理分布情况,概括而言,大理、许昌、崇左、商丘、驻马店、沧州、沈阳等地的公众环境诉求较高,这些地区可能是生态功能重要且脆弱的地区,可能是重工业占比较高、产业结构亟待提升的重污染地区。

第三节 我国环境污染的特征性事实

一、我国雾霾污染的特征性事实

(一)数据来源

日常环境监测得到的 $PM_{2.5}$ 浓度值是衡量雾霾污染程度的

---

[1] 受样本限制,湖南省数据缺失。

最精确指标,但由于我国自 2012 年才开始在 74 座城市对 $PM_{2.5}$ 浓度进行日常环境监测统计,其历史数据严重匮乏且制约了学界开展相关经验研究工作。为解决这一问题,我们获取了基于卫星监测的全球 $PM_{2.5}$ 浓度栅格数据。该数据类型的准确率可能低于官方公布的地面监测数据,但与地面监测数据相比,卫星模拟数据也存在一定的优点,例如,卫星模拟数据属于面源数据,比地面观测的点源数据覆盖面更广,因而,能够比较全貌地展示地区或城市的大气质量状况和基本变化趋势(van Donkelaar et al.,2015;邵帅等,2016)。

具体而言,我们采用的数据来自隶属巴特尔研究所、哥伦比亚大学的国际地球科学信息网络中心,该数据是以栅格形式存在的全球 $PM_{2.5}$ 浓度数据。在此基础上,我们进一步采用 ArcGIS 软件将此栅格数据转化为中国大陆 31 个省份的年均 $PM_{2.5}$ 浓度数据。图 3.8 以中国部分城市为例,对比分析了巴特尔研究所与 WHO 公布的 2010 年 $PM_{2.5}$ 浓度数据。可以发现,大多数城市两种不同来源的 $PM_{2.5}$ 浓度数据比较接近,这在一定程度上表明我们采用的 $PM_{2.5}$ 浓度数据来源具有一定的可信度。

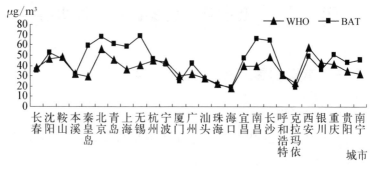

图 3.8 2010 年 WHO 发布的 $PM_{2.5}$ 浓度值与本节的数据比较

（二）我国雾霾污染的空间分布特征

表 3.1 报告了部分年份中国 30 个省份[①]的 $PM_{2.5}$ 浓度分布四分位状况。第一分位和第二分位的最高限值分别取 15.00 $\mu g/m^3$ 和 35.00 $\mu g/m^3$，该标准划定的主要依据是环境保护部（现生态环境部）和国家质量监督检验检疫总局联合发布的环境空气质量标准（GB3095—2012）。该标准除了公布污染物项目、监测方法等外，还对环境空气功能区和浓度限值进行了细分，其中，将 $PM_{2.5}$ 年均浓度低于 15 $\mu g/m^3$ 的地区界定为一类区，并提出自然保护区、风景名胜区等需要特别保护的区域要尽量达到一类区的水平，将 $PM_{2.5}$ 年均浓度低于 35 $\mu g/m^3$ 的区域界定为二类区，居住区、商业交通居民混合区、文化区、工业区及农村地区等要尽量达到适宜人类生存的二类区水平。考虑到各年度年均 $PM_{2.5}$ 浓度的最大值，本研究分别取 2000 年、2010 年和 2020 年 $PM_{2.5}$ 年均浓度第三分位的最高限值分别为 45 $\mu g/m^3$、55 $\mu g/m^3$ 和 45 $\mu g/m^3$[②]。

2000—2020 年 $PM_{2.5}$ 一级浓度限值以下的省份主要是青海，西藏应该也属于环境空气功能分区的一类区域，但为与后文实证保持一致，在此没有囊括在内。$PM_{2.5}$ 年均浓度低于 35 $\mu g/m^3$ 的省份从 2000 年的 14 个（内蒙古、吉林、黑龙江、甘肃、陕西、四川、贵州、云南、广西、广东、海南、福建、江西、浙江）缩减至 2010 年的 7 个（内蒙古、吉林、黑龙江、四川、云南、海南、福建），可见，

[①] 不考虑中国西藏、中国台湾、中国香港和中国澳门。

[②] 2000 年和 2020 年雾霾污染最严重的省份为天津市，浓度值分别为 58.04 $\mu g/m^3$ 和 48.22 $\mu g/m^3$，远低于 2010 年 $PM_{2.5}$ 浓度的最高值 75.141 $\mu g/m^3$，故而，我们选取的 2010 年雾霾污染浓度的第三分位最高限值大于 2000 年和 2020 年。

表 3.1　部分年份中国 30 个省份的 PM$_{2.5}$
浓度分布四分位状况

年份	分位	省　　份
2000	第一分位	青海
	第二分位	内蒙古、吉林、黑龙江、甘肃、陕西、四川、贵州、云南、广西、广东、海南、福建、江西、浙江
	第三分位	新疆、宁夏、辽宁、山西、江苏、上海、安徽、湖北、湖南、重庆
	第四分位	河北、北京、天津、河南、山东
2010	第一分位	青海
	第二分位	内蒙古、吉林、黑龙江、四川、云南、海南、福建
	第三分位	辽宁、山西、陕西、宁夏、甘肃、新疆、重庆、贵州、湖北、湖南、安徽、江西、上海、浙江、广东、广西
	第四分位	河北、北京、天津、河南、山东、江苏
2020	第一分位	青海、海南
	第二分位	内蒙古、吉林、黑龙江、辽宁、甘肃、宁夏、陕西、山西、四川、重庆、贵州、云南、广西、广东、湖北、湖南、江西、福建、上海、浙江、北京
	第三分位	河北、山东、河南、江苏、安徽、新疆
	第四分位	天津

注：为与后文实证过程相匹配，本表没有考虑西藏。

2010 年空气质量较 2000 年有所恶化。与 2010 年相比，2020 年，环境功能分区的第二类区域明显增加，诸如甘肃、宁夏、陕西、山西、湖北、湖南、贵州、广东、广西、浙江、江西等地区的大气质量出现了显著改善，PM$_{2.5}$ 浓度较 2010 年明显下降。2000 年，仅北京、天津、河北、山东、河南 5 个省级行政区年均 PM$_{2.5}$ 浓度超过 45 $\mu g/m^3$，属于雾霾污染的第四分位区，而至 2010 年，年均 $PM_{2.5}$浓度超过 55 $\mu g/m^3$ 的省份扩增至北京、天津、河北、山东、河南、江苏，其中，江苏也加入雾霾污染第四分位区，年均浓度达 55.11 $\mu g/m^3$。此外，若以 45 $\mu g/m^3$ 浓度值作为界定 2010 年雾霾污染第四分位区的下限值，则安徽、湖南、山西、云南、重庆也属于重污染区域，由此可见 2010 年我国雾霾污染的严重程度。2020 年，除天津属于雾霾污染第四分位区域外，其他省份年均值均低于 45 $\mu g/m^3$，重雾霾污染区域大幅减少。值得注意的是，2000—2020 年，$PM_{2.5}$ 年均浓度最高值从 1998 年 58.04 $\mu g/m^3$ 增加至 2010 年 75.14 $\mu g/m^3$，2013 年和 2014 年更是分别高达 82.49 $\mu g/m^3$ 和 85.63 $\mu g/m^3$。2014 年以后，雾霾污染年均浓度最高值有所下降，至 2020 年已降至 48.22 $\mu g/m^3$。由此可见，最初我们的雾霾污染形势较为严峻，重度雾霾污染区域呈逐渐扩张趋势，但随着时间推移，在我国政府强有力的环境规制举措下，雾霾污染形势得以改善，空气质量有了显著提升。此外，相关数据分析也展示出中国雾霾污染呈现出显著的空间相关性分布特征，即高-高污染区集聚的现象，尤其是 2010 年，$PM_{2.5}$ 年均浓度超过 45 $\mu g/m^3$ 的重度雾霾污染区域覆盖了华北、华中、华东等大部分区域，占据了国土面积的半壁江山。

图 3.9 展示了我国东部、中部、西部三大区域（上）和三大城市群（下）[①] 的年均 $PM_{2.5}$ 浓度逐年走势。从雾霾污染的时间

[①] 三大城市群指京津冀城市群、长三角城市群和珠三角城市群。根据 2014 年发布的《国务院关于依托黄金水道推动长江经济带发展的指导意见》，安徽省被纳入长三角经济带，因此长三角地区除上海、江苏、浙江外，还包括安徽。珠三角地区采用的是狭义的概念界定，仅指广东，不包括中国香港和中国澳门。

变化趋势来看,全国 $PM_{2.5}$ 浓度从 2000 年的 34.79 $\mu g/m^3$ 逐渐攀升至 2007 年的峰值 45.26 $\mu g/m^3$;尽管此后 $PM_{2.5}$ 浓度值有所降低,但基本稳定在 45 $\mu g/m^3$ 左右,为 WHO 推荐的年均 $PM_{2.5}$ 年均浓度限值(10 $\mu g/m^3$)的 4.5 倍左右,可见 2000—2014 年我国雾霾污染已经达到非常严峻的地步。2014 年以后,全国 $PM_{2.5}$ 年均浓度开始下降,2019 年和 2020 年,其浓度值在 30 $\mu g/m^3$ 左右[①]。在东部、中部、西部三大区域中,中部和东部雾霾污染明显较西部严重,高于全国平均水平。西部地区年均 $PM_{2.5}$ 浓度值最低,大部分年份雾霾污染浓度在 30 $\mu g/m^3$ 附近波动。在三大城市群中,京津冀地区的雾霾污染最为严重,并且呈现出较大的波动性,$PM_{2.5}$ 浓度由 2000 年的 51.30 $\mu g/m^3$ 增长至 2006 年的峰值 71.12 $\mu g/m^3$,2006—2014 年,$PM_{2.5}$ 浓度在 65 $\mu g/m^3$—75 $\mu g/m^3$ 波动,远高于全国平均水平。2014 年以后,京津冀雾霾污染浓度开始逐渐下降,至 2020 年达到历史最低值 39.11 $\mu g/m^3$。相对于京津冀地区,长三角地区的雾霾污染变化较为平稳,雾霾污染浓度年均浓度在 40 $\mu g/m^3$—50 $\mu g/m^3$,$PM_{2.5}$ 浓度于 2014 年达到 52.69 $\mu g/m^3$ 的峰值后呈逐年下降趋势。珠三角地区是三大城市群中 $PM_{2.5}$ 浓度最低的地区,一直保持在全国平均水平以下,这主要归因于该地区以出口导向型为主的劳动密集型发展模式,高能耗、高污染的重工业比重相对较小。以 2012 年为分水岭,珠三角地区的雾霾污染在此之前呈现出总体上升的走势,在此之后,该地

---

① 2019 年底突然爆发的新冠疫情,引发工业限产、交通出行受限,要素流动限制在一定程度上减少了能源需求和污染排放,这也是 2020 年我国雾霾污染浓度整体偏低的一个重要原因。

区雾霾污染浓度逐步回落，$PM_{2.5}$浓度从 41.29 $\mu g/m^3$ 逐步降至 21.55 $\mu g/m^3$。

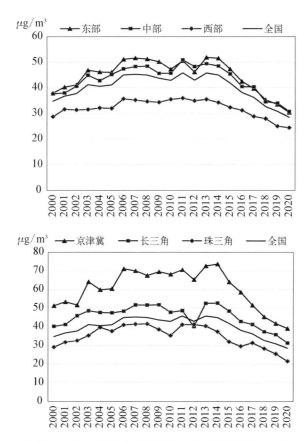

图 3.9　2000—2020 年中国 $PM_{2.5}$ 浓度的区域分布特征

（三）我国雾霾污染的空间溢出效应

1. 全局相关性分析

全域空间相关性常用于分析空间数据在整个系统内表现出的分布特征，通常采用两个指标予以度量：Moran 指数 I 和 Geary

指数 C。Moran 指数 I 可用于检验区域中邻近地区间的相似性（空间正相关）或相异性（空间负相关）。其值在 -1 至 1，Moran 指数 I 大于 0 表示存在空间正相关，表明高污染地区与高污染地区或低污染地区与低污染地区集聚在一起；小于 0 则表示存在空间负相关，表示高（低）污染地区与低（高）污染地区相邻；等于 0，则表示雾霾污染随机分布，不存在空间相关性。Moran 指数 I 具体可表示为：

$$I = \frac{\sum\limits_{i=1}^{n} \sum\limits_{j \neq i}^{n} w_{ij}(x_i - \bar{x})(x_j - \bar{x})}{S^2 \sum\limits_{i=1}^{n} \sum\limits_{j=1}^{n} w_{ij}} \tag{3.1}$$

式(3.1)中，n 表示中国的 30 个省份（除西藏）；w_{ij} 为空间权重矩阵的元素；x_i 表示区域 i 的 $PM_{2.5}$ 浓度，$\bar{x}$ 是所有省份雾霾浓度的均值；$S^2 = \sum\limits_{i}(x_i - \bar{x})^2/n$，表示 $PM_{2.5}$ 浓度的方差。Geary 指数 C 是检验全局空间相关性的另一个常用指标，其计算公式如下：

$$C = \frac{(n-1)\sum\limits_{i=1}^{n} \sum\limits_{j=1}^{n} w_{ij}(x_i - x_j)^2}{2\sum\limits_{i=1}^{n} \sum\limits_{j=1}^{n} w_{ij} \sum\limits_{i=1}^{n}(x_i - \bar{x})^2} \tag{3.2}$$

式(3.2)中各变量含义与式(3.1)相同。Geary 指数 C 的取值在 0—2，Geary 指数 C 大于 1 或小于 1 分别表示雾霾污染呈空间负相关或空间正相关，Geary 指数 C 等于 1 则表示雾霾污染随机分布。

空间权重矩阵体现了空间截面之间的相互关联程度，正确设定空间权重矩阵对雾霾污染空间依赖程度的度量及后文空间计量分析结果的准确性均至关重要。为全面反映我国省份之间雾霾污染的空间相关关系,我们从地理邻近性特征与组织邻近性特征出发,构建了三种空间权重矩阵用于实证分析。

第一种采用地理距离空间权重矩阵(W_1)表示雾霾污染的空间关系,其元素用区域省会间最近公路里程的倒数表示。在地理距离权重矩阵的构建上,很多研究采用了简单的空间邻接关系表征区域间的空间影响,仅仅以两者是否相邻为标准"一刀切"地将所有不相邻经济体的联系视为零,这显然难以符合客观事实,因此,我们采用了地理距离标准构造空间权重矩阵。区别于以地理质心距离的倒数作为权重元素的做法,我们认为以省会之间最近公路的里程的倒数作为权重元素,不仅能反映区域之间的实际空间距离,而且还能在一定程度上反映地形和经济发展差距的影响[①]。上述以地理区位差异反映雾霾污染程度空间联系的做法侧重于刻画地理特征的影响,但考虑到区域经济连片发展以及区域产业集聚的事实,省份之间可能在经济发展水平上具有空间相关特征,因此,为保证实证分析的稳健性,我们还构建了地理经济距离空间权重矩阵和嵌套权重矩阵,分别用 W_2 和 W_3 表示。参考邵师等(2016)的处理方法,我们用 i 省的省会城市与 j 省的省会城市的最近公路的里程的倒数与 i 省人均国内生产总值年均值占所有省份人均国内生产总值年均值比重之积表示空间权重矩阵 W_2 的元素。嵌套空间权重矩阵

[①] 例如,即使省会之间质心距离差距不大,但多山地形可能会增加交通建设的成本,增加省会之间的通行距离,但是经济发展水平的提高可以克服多山地形带来的不便。

W_3 可表示为 $W_3 = \alpha W_1 + (1-\alpha)W_4$，$\alpha$ 介于 0—1 之间，表示 W_1 地理距离空间权重矩阵所占的比重（张征宇和朱平芳，2010）。简便起见，我们取 α 的值为 0.5。W_4 表示经济距离权重矩阵，其元素用省份之间人均年均国内生产总值绝对差值的倒数予以表示。经济地理权重矩阵和嵌套空间权重矩阵这两种权重矩阵将地理距离的空间效应和经济因素的空间关联特征结合起来，能够更全面地体现雾霾污染的空间相关特征和空间溢出效应。

表 3.2 给出了不同空间权重矩阵下 2000—2020 年中国雾霾污染的全局空间相关性检验结果。从中可以看出，当空间权重矩阵为 W_1 时，Moran 指数 I 的值在 0.10—0.20，Geary 指数 C 的值介于 0.83—0.88，并且满足 1％ 的显著性水平，这两个指数值的大小以及显著性程度表明，在 W_1 空间权重矩阵下，高雾霾污染省份多与高雾霾污染省份集聚在一起，低雾霾污染省份也多与低雾霾污染省份相集聚，我国雾霾污染在地理空间分布上呈现出较强的空间正相关性。在 W_2 和 W_3 空间权重矩阵下，2000—2016 年，Moran 指数 I 和 Geary 指数 C 的值满足 10％ 的显著性水平，表明雾霾污染存在正向空间相关性，但在 2017—2020 年，随着环境规制的实施和环境质量的提升，雾霾污染不再表现出显著的空间溢出效应。

2. 局域相关性分析

全局空间相关性体现了雾霾污染浓度的整体空间关联状况，不过可能会忽视局部区域的非典型特点，因此，需要进一步进行局域空间相关性分析，局域空间相关性分析的最常用的指标为局域 Moran 指数 I（也称 LISA 指数），其值表示区域 i 与其

表 3.2　1998—2012 年中国 $PM_{2.5}$ 浓度的
全局空间相关性检验结果

年份	权重矩阵：W_1		权重矩阵：W_2		权重矩阵：W_3	
	Moran 指数 I	Geary 指数 C	Moran 指数 I	Geary 指数 C	Moran 指数 I	Geary 指数 C
2000	0.150***	0.832***	0.216**	0.819*	0.079***	0.905**
2001	0.128***	0.845***	0.202**	0.818*	0.058**	0.917*
2002	0.129***	0.844***	0.139**	0.898*	0.049**	0.941
2003	0.196***	0.803***	0.289**	0.742**	0.124***	0.862***
2004	0.137***	0.852***	0.231***	0.802**	0.079***	0.900**
2005	0.133***	0.858***	0.183**	0.862*	0.067**	0.921*
2006	0.145***	0.852***	0.234***	0.784**	0.082**	0.890**
2007	0.143***	0.852***	0.224***	0.802**	0.078***	0.897**
2008	0.140***	0.855***	0.229***	0.798**	0.086**	0.895**
2009	0.146***	0.850***	0.245***	0.773**	0.083***	0.887**
2010	0.145***	0.846***	0.221***	0.800**	0.068**	0.906**
2011	0.134***	0.859***	0.238***	0.788**	0.080**	0.898**
2012	0.109***	0.880***	0.186**	0.824*	0.051**	0.925*
2013	0.136***	0.862***	0.197**	0.822*	0.069**	0.907**
2014	0.157***	0.846***	0.269***	0.751**	0.101***	0.877**
2015	0.161***	0.834***	0.173**	0.848*	0.073**	0.913**
2016	0.147***	0.843***	0.165**	0.848*	0.057**	0.922*
2017	0.139***	0.850***	0.146**	0.893	0.058**	0.936
2018	0.111***	0.856***	0.071	0.965	0.011	0.979
2019	0.116***	0.866***	0.062	0.985	0.019	0.981
2020	0.103***	0.860***	0.011	1.007	−0.009	0.998

注：***、**、*分别表示 1%、5% 和 10% 的显著性水平，表 3.3 与此相同。

111

邻域之间的关联程度,计算公式为

$$I_i = \left[(x_i - \bar{x})/S^2\right] \sum_{j \neq i} w_{ij}(x_j - \bar{x}) \qquad (3.3)$$

I_i 为正意味着雾霾严重地区被雾霾严重的地区包围(高-高型)或者雾霾污染较轻的地区被雾霾污染程度较低的地区包围,这两者分别称为高-高型或低-低型类别。I_i 为负则意味着低雾霾浓度区域被高雾霾浓度区域包围,或者高雾霾浓度区域被低雾霾浓度区域包围(低-高型或高-低型)。

表 3.3 以污染相对严重的年份 2010 年为例,采用地理距离空间权重矩阵 W_1,用 LISA 指数检验了我国 $PM_{2.5}$ 浓度的局域空间相关性。从 LISA 指数的大小及显著性可以看出,高-高型雾霾污染主要集聚在北京、天津、河北、山东、河南、安徽、山西等地区。

表 3.3　2010 年中国 $PM_{2.5}$ 浓度的局域相关性检验结果

省 份	I_i	省 份	I_i	省 份	I_i
安徽	0.204*	黑龙江	−0.080	山东	0.661***
北京	1.191***	湖北	0.128*	山西	0.182*
福建	−0.097	湖南	0.024	陕西	−0.012
甘肃	0.128	吉林	0.010	上海	0.023
广东	0.033	江苏	0.175	四川	−0.039
广西	0.047	江西	−0.044	天津	1.281***
贵州	0.031	辽宁	−0.042	新疆	−0.011
海南	0.058	内蒙古	−0.368***	云南	0.079
河北	0.566***	宁夏	0.000	浙江	−0.094
河南	0.426***	青海	−0.034	重庆	−0.066

综上,全域 Moran 指数 I 和 Geary 指数 C 的结果表明我国雾霾污染呈现出显著的正向空间溢出效应,特别是在 W_1 空间权重矩阵下;以 LISA 指数测度的局域空间相关性分析结果表明,高-高型雾霾污染集聚在京津冀及其周边地区,这些省份雾霾污染表现出集中连片的分布特征,并展现出显著的空间溢出效应。雾霾污染空间溢出效应的存在,一方面为我们在治理雾霾过程中坚持属地管理与区域联动相结合的原则提供了科学依据,另一方面也引发我们思考雾霾污染空间集聚现象的经济动因。此外,雾霾污染表现出的显著空间集聚特征要求我们在运用计量方法考察雾霾污染的关键影响因素时,必须考虑其显著的空间溢出效应,因此,采用空间计量分析工具开展研究是十分必要的。

二、我国企业污染排放的特征性事实

与微观层面公众环境诉求指标的数据来源一致,我们采用 1998—2012 年 114 341 家工业企业的污染排放数据考察企业层面我国环境污染的基本状况。我们首先选取工业企业化学需氧量(COD)排放量(单位:吨)作为基本度量指标。这主要是因为:第一,COD 排放量是度量水污染的典型指标,Wang et al. (2018)、邵朝对等(2021)等也采用该指标来度量企业环境绩效;第二,早在 2007 年经济合作与发展组织(OECD)就在报告中提到,我国许多河流湖泊有机物污染,特别是氮和磷的富氧化问题非常严重,而 COD 排放则是导致此问题的关键之一(Wang et al., 2018)。同时,我们还考虑了水污染的其他度量指标,如 COD 排放强度(单位:克/元)、工业废水排放量(单位:万吨)。

考虑到 COD、工业废水属于水污染的范畴,参考徐志伟等(2020a)对气体污染排放的相关研究,我们还分析了企业二氧化硫(SO_2)排放量(单位:吨)的具体状况。

表 3.4 体现了 1998—2012 年企业污染排放基本变量的描述性统计结果,主要包括数据集中度和离散度的基本指标,可以看出,工业企业 COD 排放量的平均值为 62.985 吨,COD 排放强度均值为 2.701 克/元,废水排放量和 SO_2 排放量的均值分别为 34.587 万吨和 200.357 吨。

表 3.4 1998—2012 年企业污染排放基本
变量的描述性统计结果

变 量 名	观测值	平均值	标准差	最小值	中位数	最大值
COD排放量(吨)	414 211	62.985	536.004	0.000	0.900	53 896.301
COD 排 放 强 度(克/元)	414 211	2.701	496.457	0.000	0.016	229 800.000
工业废水排放量(万吨)	411 704	34.587	314.113	0.000	3.000	59 702.094
SO_2 排放量(吨)	352 621	200.357	4 189.280	0.000	7.200	2 180 000.000

正式环境规制对空气污染的影响分析
——基于空间溢出效应的视角

第一节　引　言

　　演化博弈理论研究表明,若不存在正式环境规制,不论污染削减成本如何,企业均没有积极治污的动机,由此可见,排污企业在环境污染治理中表现出一定的惰性,加强政府环境规制成为改善环境质量的必然选择。若存在正式环境规制,排污企业是否采取积极的减排措施主要取决于净收益的大小,这意味着排污企业的减排行为存在一定的条件性,正式环境规制能否有效减少环境污染主要取决于排污企业的行为选择。

　　假设企业是合法企业,不存在行贿、偷排漏排等违规行为,在企业利润最大化目标下,通过动态优化理论分析我们可以得到企业关于价格、声誉及污染排放量的最优解,研究表明,以排污收费制度为代表的正式环境规制能够实现企业利润与减少污染排放的双赢。同时,企业最优污染排放量与政府部门制定的税率呈负相关关系,这意味着,正式环境规制强度的提高有利于减少企业的最优污染排放量。

　　总之,从理论分析可以得到:(1)由于排污企业惰性的存在,环境污染治理离不开政府推行的正式环境规制,或者说,政府参与环境污染治理是一种必然选择。(2)在一定条件下,正式环境规制的实施对环境污染具有一定的抑制效应。本章节将以雾霾污染（$PM_{2.5}$）为研究对象，对上述命题进行实证检验。

第二节 **计量模型、指标数据
与方法介绍**

一、计量模型

IPAT 等式常被用来识别环境污染的基本影响因素，其中 I、P、A 和 T 分别表示环境影响、人口规模、人均财富和技术水平。STIRPAT 模型是在 IPAT 模型的基础上提出的，允许对各影响因素进行适当的补充和分解，能够对各环境质量的影响因素进行定量分析，克服了 IPAT 模型中各影响因素只能等比例变动的不足（Dietz 和 Rosa，1994；邵帅等，2010），因而是识别环境质量影响因素的重要理论支撑。与此同时，环境库兹涅茨曲线（EKC）假说也常被视为判别经济增长与环境污染之间具体关系的基本理论依据（Grossman 和 Krueger，1995）。因此，我们将 STIRPAT 模型和 EKC 假说相结合作为本章研究的基本理论框架，构建如下计量回归模型来考察正式环境规制对大气污染的影响：

$$
\begin{aligned}
\ln PM_{it} = {} & \alpha_0 + \alpha_1 \ln pop_{it} + \alpha_2 \ln gdp_{it} + \alpha_3 (\ln gdp_{it})^2 \\
& + \alpha_4 (\ln gdp_{it})^3 + \alpha_5 \ln tec_{it} + \alpha_6 \ln freg_{it} \\
& + \boldsymbol{\alpha}_7 \mathbf{X}_{it} + \varepsilon_{it}
\end{aligned}
$$

$$(4.1)$$

其中，i 表示我国的 30 个省份，t 表示年份，即 2000—2020

年;STIRPAT 中的 I 具体表示环境质量,用 $PM_{2.5}$ 年均浓度(PM)表示,P、A 和 T 则分别用人口密度(pop)、人均 GDP(gdp)、技术水平(tec)表示;$freg$ 表示核心解释变量——正式环境规制水平;$\mathbf{X}$ 为一组相关控制变量;α_0 至 $\boldsymbol{\alpha}_7$ 为待估系数;ε 为随机扰动项。

为进一步考察正式环境规制影响环境质量的具体作用机制,我们采用交互效应法予以分析,其计量模型可表示为

$$
\begin{aligned}
\ln PM_{it} = & \alpha_0 + \alpha_1 \ln pop_{it} + \alpha_2 \ln gdp_{it} + \alpha_3 (\ln gdp_{it})^2 \\
& + \alpha_4 (\ln gdp_{it})^3 + \alpha_5 \ln tec_{it} + \alpha_6 \ln freg_{it} \\
& + \boldsymbol{\alpha}_7 \mathbf{X}_{it} + \alpha_8 \ln freg_{it} \times \ln Y_{it} + \varepsilon_{it}
\end{aligned}
$$

$$(4.2)$$

式(4.2)中,Y 表示可能的中介变量,$\ln freg$ 与 Y 的交叉项表示正式环境规制随着中介变量的变化对环境质量的影响程度,其他变量的界定与式(4.1)基本一致。需要说明的是,对于式(4.1)和式(4.2),为增强结果的稳健性,我们尽可能采用对数形式,但倘若解释变量为哑变量,则不再取对数。

二、指标数据

（一）核心解释变量——正式环境规制程度（$freg$）

环境规制与污染排放的关系是近些年环境经济学关注的热点。例如,包群等(2013)运用倍差法检验了由环保立法和环保执法力度表征的环境规制的污染减排效果;王书斌和徐盈之(2015)专门考察了环境规制影响雾霾脱钩[①]的路径。延续第三章的做

---

① 他们利用省会城市 PM_{10} 浓度表征各省雾霾污染程度,进而采用地区工业总产值与雾霾污染之比反映雾霾脱钩程度。

法,我们将正式环境规制水平分为行政命令型环境规制、市场激励型环境规制、自愿性环境规制三类,其基本度量指标分别用地方政府颁布环境法规数($freg\_ad$)、排污费用与工业总产值之比($freg\_ec$)以及地方政府颁布的环境标准数($freg\_vo$)度量。下文将对这三种规制方式的空气污染治理效应分别进行检验。

在控制变量方面,我们首先基于 STIRPAT 模型选取如下三个变量作为基本控制变量。

(二)人口密度(pop)

参考邵帅等(2016),我们采用人口密度刻画人口对空气污染的影响,具体用单位国土面积的人口数表示。人口对空气污染的影响通常体现在两个方面:一方面,人口数量的增加导致了住房需求的增加,进而通过房地产工程建设产生了大量的扬尘、粉尘等颗粒物,同时,人口增加也会增加汽车需求,从而产生交通拥堵以及大量的机动车尾气排放,可见,从规模效应角度讲人口增加会加剧雾霾污染;另一方面,人类生活和生产活动的集聚会产生集聚经济,通过共享、匹配等途径发挥集聚经济的正外部性。由此可知,人口密度对空气污染的影响方向具有不确定性。

(三)经济增长(gdp)

我们采用 1998 年不变价格的人均 GDP 作为经济增长的度量指标。根据 EKC 假说,经济增长与环境污染之间可能存在二次函数关系,而不是简单的线性相关关系,为此,我们将人均 GDP 的一次项、二次项和三次项同时引入回归模型,以检验经济增长与空气污染的具体关系。

(四)技术水平(rd 和 eff)

技术创新对于节能减排、提高环境污染治理水平具有重要影响。与大部分文献采用单一度量指标的方法不同,我们借鉴邵帅等(2013)的做法将技术细分为投入技术和绩效技术,其中,投入技术用研发投入量表示,绩效技术用能源效率表示。具体来讲,投入技术用每百人研发从业人员拥有的专利受理量来度量,理论上研发投入越多意味着各地区对技术改进和技术创新越为重视,从而越有利于推动节能减排技术研发。能源效率采用 GDP 与能源消费量之比度量,通常能源效率越高,单位能源消费所带来的产出水平就越高,换句话说,单位产出所消耗的能源便越少,相应地,能源消耗减少也会降低雾霾污染排放量;但另一方面,由于存在"能源回弹效应"[①],能效提升会通过收入效应、替代效应以及产出效应等途径引发新的能源需求,而能源需求的增加可能会导致污染排放量的增长(邵帅等,2013),由此可见,能源效率的系数符号并不确定。

除上述 STIRPAT 模型中直接体现的人口、经济增长及技术水平三类基本控制变量外,我们还选取了与环境污染密切相关的如下五个变量作为控制变量(参见表 4.1)。

(五)产业结构(*sec*)

采用第二产业(包括工业和建筑业)增加值与 GDP 之比度量。产业结构对环境质量的影响具有不确定性:一方面,新中国成立以来,我国一直推行优先发展重工业的策略,以重工业为主的产业结构会引致大量的化石能源消耗和大气污染排放;另一方面,在意识到粗放型经济发展模式所造成的资源损耗和环境污染

---

① 能源回弹效应是指能源效率提升所引致的能源价格下降、生产率提升、能源需求增加而进一步导致对能源的新的额外消费部分甚至全部抵消能效提升所预期节约的能源消费的现象(邵帅等,2013)。

表 4.1 变量定性描述

符 号	定 义	度量指标或说明	单 位	预期符号
PM	雾霾污染	$PM_{2.5}$浓度	$\mu g/m^3$	N. A.
$freg\_ad$	行政命令型环境规制	环境行政处罚案件数	起	—
$freg\_ec$	市场激励型环境规制	排污收费总额与工业增加值之比	万分比	—
$freg\_vo$	自愿性环境规制	颁布环境标准数量	个	—
pop	人口密度	单位面积人口数	人/平方千米	不确定
gdp	人均GDP	人均GDP	元	不确定
rd	研发强度	研发从业人员人均拥有专利数	项/百人	—
eff	能源效率	单位能耗GDP	元/吨标准煤	不确定
sec	产业结构	第二产业增加值占GDP的比重	%	不确定
es	能源结构	煤炭消费占能源消费总量比重	吨/吨标准煤	+
tri	交通运输	单位面积的私人汽车拥有量	辆/平方千米	+

问题后,我国开始致力于调整和优化产业结构,产业结构的高级化和合理化调整无疑会降低空气污染排放。由此可见,第二产业的发展是否会加剧雾霾污染的成分来源具有一定的不确定性。

(六)能源结构(es)

该指标用煤炭消费与能源消费量之比进行度量。我国能源结构以煤炭为主,根据《中国统计年鉴》数据,2021年我国煤炭消费占能源消费总量的比例高达 56％。化石燃料,尤其是煤炭燃烧,含有大量的雾霾污染源成分,如燃煤产生的硫酸盐、有机物、黑炭等都是雾霾污染的重要成分。韩文科等(2013)认为,燃煤对我国雾霾污染的直接贡献率约为 1/4。清华大学和美国健康影响研究所共同发布的名为《中国燃煤和其他主要空气污染源造成的疾病负担》的报告指出,煤炭燃烧是我国雾霾污染的主要来源,燃煤对 $PM_{2.5}$ 浓度的贡献达 40％,甚至在局部省份,例如四川、重庆、贵州,燃煤的贡献率接近 50％。故而,我们预计能源结构与空气污染存在正相关关系。

（七）交通运输（tri）

导致雾霾污染能见度降低的物质主要包括有机气溶胶、硫酸盐、硝酸盐和黑炭,除硫酸盐的形成与燃煤有较大关系外,其他物质均与汽车尾气排放有关,特别是有机气溶胶,其主要来源便是汽车尾气中的有机烃。因此,交通运输产生的汽车尾气排放是空气污染的重要组成成分。李勇等(2014)指出,北京市因机动车尾气产生的 $PM_{2.5}$ 占全市 $PM_{2.5}$ 排放总量的比例为 22％,上海和天津市的比例也分别高达 25％ 和 16％。我们采用单位面积的私人汽车拥有量表示交通运输压力程度,并预期其系数符号为正。

对各变量的描述性统计可见表 4.2。该表列出了 2000—2020 年中国 30 个省级行政区(不包括西藏)所有变量的基本描述性统计结果。可以看出,2000—2020 年中国 $PM_{2.5}$ 年均浓度为 40.098 $\mu g/m^3$,高于中国环境空气质量的二级标准(35 $\mu g/m^3$),最低值和最高值分别为青海省(2019 年)和天津市(2014 年)。行政命令型、市场激励型和自愿性环境规制的均值分别为 3 731.876、13.555 和 0.868。

表 4.2　正式环境规制影响空气污染检验
所需变量的描述性统计结果

变　量	样本量	均值	标准差	最小值	p25	p50	p75	最大值
PM	630	40.098	14.022	9.566	29.779	39.333	48.278	85.629
freg_ad	630	3 731.876	5 352.622	0.01	938	1 820	4 319	45 140
freg_ec	630	13.555	9.15	0.943	7.374	12.049	17.48	82.624
freg_vo	570	0.868	1.871	0	0	0	1	20
pop	630	439.692	633.593	7.158	143.97	286.667	497.944	3 949.206
gdp	630	34 949.88	28 225.08	2 759	12 879	29 650	47 301	164 889
rd	630	44.706	32.563	3.244	16.644	35.142	67.469	160.243
eff	630	1.221	1.079	0.22	0.628	0.972	1.59	15.387
thi	630	45.495	9.001	29.645	39.927	43.759	49.600	83.868
es	630	1.025	0.947	0.017	0.69	0.888	1.141	15.063
tri	630	33.534	66.984	0.038	1.915	8.612	30.258	551.73
fdi	630	5 430.004	18 214.26	476.19	1 730.746	2 562.813	6 110.214	441 463.4

三、方法选择

前文得到,在 W_1、W_2、W_3 空间权重矩阵下,雾霾污染全域 Moran 指数 I 绝大部分满足 10% 的显著性水平,表明我国雾霾污染具有一定的空间溢出效应;基于地理距离空间权重矩阵的 LISA 指数表明高-高型雾霾污染主要集聚在京津冀及其周边地区,雾霾污染分布呈现出显著的局域相关性特征。雾霾污染表现出的全局和局域空间相关特征,一方面证明了雾霾污染空间溢出效应的存在,为我们在雾霾污染治理中坚持属地管理与区域联防联控相结合的原则提供了依据;另一方面也表明采用空间计量分析方法对环境规制与雾霾污染的关系予以考察的必要性(邵帅等,2016)。

　　对于环境规制与雾霾污染相关性的考察,不可能忽略环境规制与雾霾污染两者之间存在的互为因果的内生性问题。一方面,环境规制促进了企业生产行为的规范化,有利于企业加强绿色技术研发与应用,提高生产过程的环保标准,提升企业的绿色生产水平,从而有利于实现经济增长与雾霾污染的脱钩(王书斌和徐盈之,2015)。另一方面,雾霾污染对环境规制的反作用也被现实和部分文献所证实。为应对突如其来大规模爆发的雾霾污染,我国政府制定了《大气污染防治行动计划》,加强了环境规制强度。面对严重的雾霾污染,部分学者也提出了加强环境规制的行动方案,如郝江北(2014)等。政府和学界对雾霾污染治理的重视必将产生新一轮的环境规制浪潮。因此,若要分析环境规制与雾霾污染的相关关系,为保证分析结果的稳健性,不可能忽视解释变量可能存在的内生性问题。当存在内生性问题时,若采用 OLS 估计,其估计结果是有偏且不一致的;若采用极大似然估计,在存在异方差的情况下其估计结果也是不一致的,而且极大似然估计缺乏大样本渐进理论的支持;而广义空间面板 2SLS 模型(GS2SLS 模型)则可以有效地解决上述问题。GS2SLS 模型选取解释变量及其空间滞后项作为工具变量,基于 2SLS 方法估计空间面板模型(Shehata,2012;王贺嘉,2016),可以同时对雾霾污染的空间溢出效应和解释变量可能存在的内生性问题予以控制,从而能够就环境规制对雾霾污染的影响方向和影响程度进行准确考察。

第三节 实 证 分 析

一、基准实证结果

表 4.3 是基于地理距离空间权重矩阵（W_1）的 GS2SLS 估计结果，其中第（1）、（2）列报告了行政命令型环境规制对雾霾污染影响的实证结果，第（3）、（4）列和第（5）、（6）列分别报告了市场激励型和自愿性环境规制对雾霾污染影响的实证结果，奇数列对应的是固定效应，偶数列对应的是随机效应。由于工具变量不足可能会导致 R^2 为负数的情形（Buse，1973），因而，增加工具变量的个数可以提高分析结果的有效性，但过度增加工具变量的个数可能会降低估计结果的准确性（Shehata et al.，2012），因此在进行参数估计时，我们没有采用通常的一阶空间滞后项，而是选择了二阶或三阶空间滞后项作为工具变量[①]。表 4.3 是基于三阶空间滞后项的回归结果，其中调整 R^2 和 Wald 检验结果均表明，样本拟合程度较高，所选模型比较合意。

由表 4.3 可以看出，无论在何种情况下，被解释变量雾霾污染空间滞后项的系数均满足 1‰ 的显著性水平，这进一步验证了雾霾污染空间溢出效应的存在。雾霾污染空间溢出效应的存在，既与气象、地形等自然因素有关，又在很大程度上受城市规模扩张、区域经济连片发展、污染产业转移、污染排放泄漏等内

[①] 选择二阶和三阶空间滞后项时工具变量设置分别为 $[X, WX, W^2 X]$ 和 $[X, WX, W^2 X, W^3 X]$。

表 4.3 地理距离空间权重矩阵下的基本实证结果

| 变量 | 行政命令型环境规制 | | 市场激励型环境规制 | | 自愿性环境规制 | |
	(1)	(2)	(3)	(4)	(5)	(6)
	FE	RE	FE	RE	FE	RE
$W*\ln PM$	0.979*** (0.036)	0.944*** (0.034)	0.987*** (0.036)	0.948*** (0.034)	0.992*** (0.044)	0.956*** (0.042)
$\ln pop$	−3.094 (3.177)	4.389*** (1.433)	−3.002 (3.140)	4.557*** (1.405)	−2.278 (3.626)	4.770*** (1.444)
$\ln gdp$	−124.460** (53.997)	−134.847** (53.668)	−101.960* (53.799)	−112.335** (53.583)	−97.469* (59.293)	−110.347* (58.533)
$(\ln gdp)^2$	12.559** (5.469)	13.947*** (5.418)	10.443** (5.444)	11.828** (5.404)	9.834* (6.046)	11.446* (5.940)
$(\ln gdp)^3$	−0.416** (0.184)	−0.478*** (0.181)	−0.350** (0.183)	−0.412** (0.180)	−0.328* (0.205)	−0.396** (0.200)
$\ln ino$	1.205*** (0.387)	1.278*** (0.386)	1.209*** (0.382)	1.275*** (0.382)	1.054** (0.402)	1.111*** (0.403)
$\ln eff$	−2.937*** (0.808)	−2.781*** (0.796)	−3.272*** (0.806)	−3.126*** (0.797)	−1.624 (1.239)	−1.377 (1.194)
$\ln sec$	−5.404*** (1.655)	−4.548*** (1.624)	−5.986*** (1.647)	−5.028*** (1.618)	−5.607*** (1.837)	−4.548*** (1.787)
$\ln es$	1.921*** (0.429)	2.019*** (0.428)	1.692*** (0.430)	1.810*** (0.428)	1.273** (0.511)	1.492*** (0.504)
$\ln tri$	−0.307 (0.701)	0.033 (0.690)	−0.576 (0.696)	−0.200 (0.685)	−0.184 (0.737)	0.186 (0.720)
$freg\_ad$	0.113 (0.100)	0.105 (0.100)				
$\ln(freg\_ec)$			−1.200*** (0.335)	−1.145*** (0.336)		
$freg\_vo$					−0.136* (0.080)	−0.140* (0.080)

续　表

变　量	行政命令型环境规制		市场激励型环境规制		自愿性环境规制	
	(1)	(2)	(3)	(4)	(5)	(6)
	FE	RE	FE	RE	FE	RE
cons	436.593** (176.395)	420.406** (176.394)	362.818** (175.726)	345.862** (176.124)	347.611* (191.571)	342.3042* (191.521)
N	630	630	630	630	570	570
Wald test (p)	1 761.384 (0.000)	1 771.774 (0.000)	1 802.959 (0.000)	1 801.520 (0.000)	982.046 (0.000)	994.380 (0.000)
调整 R^2	0.952	0.951	0.953	0.952	0.954	0.954
Log—L	−1 579.470	−1 583.826	−1 573.122	−1 577.704	−1 412.339	−1 415.897

注：***、**、*分别表示 1%、5%和 10%的显著性水平；FE 和 RE 分别表示固定效应模型和随机效应模型；以下各表同。

在经济机制的影响。同时，该结论暗示着我国雾霾治理必须走区域联防联控的道路，特别是位于雾霾污染严重的京津冀、长三角及两者之间的连接地带的各省市亟待建立统一的雾霾污染防控机制。

接下来，我们重点分析正式环境规制对雾霾污染的影响方向与程度。可以看出，行政命令型环境规制的系数并不显著，这意味着用环境行政处罚表征的正式环境规制并没有起到降低大气污染的作用。环境行政处罚的减排效果有限可归因于以下四个方面：第一，与其他污染类别不同，雾霾等大气污染类型具有较强的隐蔽性，不易察觉，政府部门可能没法及时监管和查处大气污染超标的排污主体；第二，环境属于公共产品，易产生"搭便车"问题，造成"公地的悲剧"，在缺乏明晰的产权界定和有效的环境监督条件下，企业或个体往往会向空气中排放过量的污染物;第三,在以 GDP 论英雄的官员晋升锦标赛制度下,各地方政府为刺激经济增长可能放松环境监管力度,如果缺少行之有效的监督机制和公正合理的选拔机制,地方政府官员可能会为个人升迁而出现忽视公众环保诉求的政企合谋现象;第四,2020年在新冠疫情冲击下,抗疫成为政策优先目标,由于疫情封控、内外需不足,排污企业在严重的生存危机下难以兼顾环境保护和经济绩效提升。

从行政命令型环境规制的具体措施来看,除强化环境执法外,环境立法的规制作用也不容忽视。一般而言,在环境规制体系中,环境执法是环境保护的重要手段之一,也是落实环保法律法规的重要体现,与此同时,环境法律法规是环境执法的重要基础和先导,环境法律法规的制定和完善能够使环境监管有法可依。因此,除了考察环境行政处罚这一变量外,我们还需要从环保立法方面检验环保法规($freg\_ad2$)和环境规章($freg\_ad3$)对大气污染的影响,从而对环境行政处罚的减排效果进行补充。表 4.4 分别报告了颁布环境立法和颁布行政规章数量对大气污染的实证影响结果。与包群等(2013)采用倍差法得到的"单纯的环保立法不能显著抑制当地污染排放"的结论不同,我们得到,环境法规的颁布具有显著的减霾效果;而类似于环境行政处罚的实证结果,环境行政规章并未产生显著的治霾效应。

环保立法减霾效应的提升与我国环境管理体制的改革密不可分。最初,我国环境管理实行的是双重规制体制,这便不可避免地产生功能弱化和权力分散问题。具体而言,名义上,我国地方环保机构受上级环保部门的直接领导,但实际上,地方政府对当地环保部门具有真正的管理权,其直接决定了地方环保机构

表 4.4　环境行政规制的减霾效果的补充性分析

变　量	颁布环保法规数				颁布环境行政规章数			
	FE		RE		FE		RE	
	系　数	标准误	系　数	标准误	系　数	标准误	系　数	标准误
$W*\ln PM$	0.982***	0.045	0.942***	0.043	0.999***	0.044	0.962***	0.042
$\ln pop$	−2.651	3.615	4.637***	1.483	−2.450	3.632	4.757***	1.482
$\ln gdp$	−92.119	59.417	−105.782*	58.537	−107.181*	59.415	−121.497**	58.460
$(\ln gdp)^2$	9.239	6.061	10.948*	5.942	10.812*	6.057	12.580***	5.930
$(\ln gdp)^3$	−0.306	0.205	−0.378*	0.200	−0.360*	0.205	−0.434**	0.199
$\ln ino$	1.065***	0.402	1.118***	0.401	1.093***	0.403	1.152***	0.403
$\ln eff$	−1.650	1.237	−1.376	1.193	−1.719	1.240	−1.452	1.196
$\ln sec$	−5.243***	1.839	−4.156***	1.788	−5.509***	1.839	−4.453**	1.788
$\ln es$	1.355***	0.511	1.579***	0.504	1.306***	0.512	1.527***	0.504
$\ln tri$	−0.180	0.736	0.192	0.720	−0.289	0.738	0.073	0.722
$freg\_ad2$	−0.172**	0.083	−0.178**	0.083				
$freg\_ad3$					−0.028	0.041	−0.032	0.041
$cons$	332.808*	191.875	328.329*	191.478	379.560**	191.882	377.898**	191.362
N	570		570		570		570	
Wald test（p）	990.235 (0.000)		999.740 (0.000)		978.309 (0.000)		990.219 (0.000)	
调整 R^2	0.954		0.954		0.954		0.953	
Log−L	−1 411.927		−1 415.762		−1 413.347		−1 417.010	

的人事任免和财政资金来源,这意味着环保部门的决策不可避免地受到当地政府的干预。同时,尽管原环境保护部具有草拟法规的权力,但却缺少执行的权力,对污染企业和个体的惩处必

须依靠司法部门,这也造成环保部门的决策执行缺少独立性(曾丽红,2013),正因如此,生态环境治理中常存在"九龙治水"、职责交叉重叠、权责不清等问题。为了解决环境管理体制问题,2018 年 4 月,我国将国家环境保护部更名为生态环境部,将各省环保厅更名为生态环境厅,此次职能调整和整合事件是我国生态环境监管体制领域的重要变革,在很大程度上解决了此前行政部门职能重叠的资源浪费现象以及监管盲区和死角现象。法规是由国务院、地方人大及其常委会、民族自治机关和经济特区人大制定的,规章则是为了执行法律法规而制定的事项或规范性文件,通常,规章的效力层次要低于法规,这也就解释了为何环保规章的减霾效应低于环保法规。

此外,从表 4.3 可以看出,市场激励型环境规制的系数为负,且满足 1% 的显著性水平,表明市场激励型环境规制手段的实施有利于降低雾霾污染程度。以排污费占工业增加值比重为代表的市场激励型环境规制对雾霾污染的显著抑制效应表明了市场机制在环境治理过程中的有效性。排污收费等市场化环境规制方式对企业生产决策具有直接的影响。当排污企业面临市场激励型环境规制时,在利润最大化目标的驱动下,企业往往会通过技术改造、增加污染治理投资等方式提高生产率,降低环境治理成本,以期实现经济绩效与节能减排的双赢。对于自愿性环境规制,我们得到其系数符号在 10% 的水平显著为负,由此可见,环境保护技术标准颁布对雾霾污染具有一定的抑制作用。

我们将基于表 4.3 和表 4.4 的结果就其他解释变量对 $PM_{2.5}$ 浓度的影响予以分析。鉴于两表中随机效应模型具有更高的 Wald 检验值以及极大似然估计绝对值,我们将重点分析随机效应下的估计结果。人口密度与雾霾污染存在显著的正相关关系,表明人口密度对雾霾污染的影响主要体现在规模效应上。人口数量的增加导致了住房需求的增加,带动房地产建设而产生大量扬尘。同时,人口增加也会催生汽车需求,从而产生交通拥堵和大量的机动车尾气排放。用人均 GDP 表征的经济增长的一次项的系数为负,二次项系数为正,三次项系数为负且均满足 10% 的显著性水平,这表明雾霾污染与经济增长之间存在倒 N 型曲线关系。换句话说,雾霾污染将随着经济增长呈先下降后上升再下降的趋势,两者之间并不满足 EKC 假说。该结论表明,我国尚未实现经济增长与雾霾污染的"脱钩",在当前工业化和城市化进程加速推进的背景下,我国要实现经济增长与雾霾治理的双重目标具有一定的艰巨性。研发强度的系数显著为正,这表明研发强度的提升并不能有效改善我国空气质量,在自由市场经济环境中,传统非清洁技术领域的产品生产和技术研发存在利润优势,绿色技术创新后发劣势明显,也就是说,技术进步并非绿色偏向型是致使经济难以绿色转型的重要原因。能源效率与雾霾污染存在负相关关系,并且在表 4.3 第(2)、(4)列其系数满足 1% 的显著性水平,这表明在一定条件下,提高能源利用效率有助于抑制雾霾污染程度,能源回弹效应并不存在。与邵帅等(2016)的研究结论不同,我们得到第二产业所占比重与大气污染存在显著的负相关关系。该结论让我们在意外之余,也不免引发我们对我国产业结构转型问题的思考:从直觉来讲,我们认为第二产业的发展(包括工业和建筑业),会引发大量的能源消耗和污染排放,但近些年来,我国致力于经济高质量发展,将绿色发展作为新发展理念的重要组成部分,不断推进经济结构转型,随着绿色技术进步、环境治理观念的变化,工业生产方式正逐步向绿色、环保方向转变,这也是第二产业结构优化与大气污染负相关的重要原因;同时,该结论也隐含着这一重要问题,在第一产业占比相对不变的情况下,根据该实证结果可以预测,第三产业的发展可能会推动污染排放的增加,近年来,第三产业中住宿餐饮业、房地产业、批发零售业的迅猛发展显著刺激了交通运输需求的增加,促进了交通运输、仓储和邮政业等高排放行业的发展,从而可能会促增污染排放。煤炭消费比重对雾霾污染具有显著的促增效应,我国能源结构以煤炭为主,这是我国雾霾污染加剧的重要原因,燃煤产生的二氧化硫、氮氧化物和烟粉尘无疑是雾霾污染的重要来源。交通运输对大气污染的影响并不显著。

总之,以上分析结果表明,市场激励型和自愿性环境规制工具对雾霾污染具有显著的抑制作用;对于行政命令型环境规制,环保法规具有显著的减霾效应,但环保规章和环境行政处罚这两种规制工具的减霾效应相对有限,这意味着,命令型环境规制存在一定程度的规制失灵现象。

二、稳健性分析结果

前文的分析表明,雾霾污染存在显著的空间溢出效应,周边地区雾霾污染对本地区具有显著的正向影响。同时,正式环境规制对雾霾污染的影响程度并不确定,这主要取决于正式环境规制的类别,市场激励型环境规制对雾霾污染具有显著的抑制作用,传统的行政命令型规制工具中,环保法规具有显著的减霾效应,而环保规章和环境行政处罚并没有显著降低雾霾污染程度。本小节将采用替换空间权重矩阵和替换工具变量两种途径,对上述结论的稳健性进行检验。

首先,我们将选择地理经济距离空间权重矩阵 W_2 和嵌套空间权重矩阵 W_3 进行稳健性分析。如前文所述,这两种空间权重矩阵不仅将地理因素的作用考虑在内,同时也反映了经济因素空间相关的特征,因而能够全面地刻画被解释变量的空间关联效应。由于基准回归结果已经证实,随机效应优于固定效应,因此,我们仅报告了随机效应的估计结果,如表 4.5 所示。继而,我们依然采用 GS2SLS 方法但选择不同的工具变量就环境规制的减霾效应进行实证检验,实证结果汇报于表 4.6。从这两个表可以看出,雾霾污染的空间滞后项保持在 1% 的水平上显著。命令型环境规制的系数不显著,表明环境行政处罚难以起到抑制雾霾污染的作用,在一定程度上环境行政处罚仅仅反映了大气污染严峻的事实和政府加大环境治理的决心,是一种事后的应对污染排放的处理方式。市场激励型环境规制对雾霾污染具有显著的抑制效应,该结论与基准实证结果一致。如表 4.5 所示,在嵌套空间权重矩阵下,自愿性环境规制起到了缓解大气污染的作用,而在地理经济空间权重矩阵下,自愿性环境规制的系数尽管为负但并不显著。表 4.6 中自愿性环境规制的系数为负且满足 10% 的显著性水平,这表明,自愿性环境规制的减排效应具有一定的脆弱性。控制变量的系数和符号与前文差别不大。综上所述,基准回归结果具有较强的稳健性。

表 4.5　稳健性分析一

变　量	空间权重矩阵 W_2			空间权重矩阵 W_3		
	(1)	(2)	(3)	(4)	(5)	(6)
$W * \ln PM$	0.954*** (0.034)	0.954*** (0.034)	0.950*** (0.044)	0.986*** (0.037)	0.989*** (0.037)	1.012*** (0.047)
$\ln pop$	2.654* (1.524)	2.924*** (1.499)	2.952** (1.508)	3.908*** (1.532)	4.172*** (1.487)	4.291*** (1.523)
$\ln gdp$	−3.481 (51.660)	10.822 (52.101)	−3.491 (57.422)	−97.713* (55.636)	−72.523 (55.636)	−83.675 (61.000)
$(\ln gdp)^2$	0.605 (5.225)	−0.755 (5.263)	0.622 (5.835)	10.149* (5.620)	7.780 (5.614)	8.673 (6.191)
$(\ln gdp)^3$	−0.028 (0.175)	0.015 (0.176)	−0.032 (0.196)	−0.351* (0.188)	−0.277 (0.187)	−0.302 (0.208)
$\ln ino$	1.415*** (0.376)	1.445*** (0.376)	1.276*** (0.402)	1.367*** (0.402)	1.364*** (0.399)	1.265*** (0.423)
$\ln eff$	−3.619*** (0.767)	−3.770*** (0.776)	−2.795** (1.171)	−3.233*** (0.825)	−3.614*** (0.826)	−1.691 (1.246)
$\ln sec$	−2.885* (1.562)	−2.995* (1.567)	−2.910* (1.758)	−4.063** (1.686)	−4.516*** (1.681)	−4.230** (1.866)
$\ln es$	1.664*** (0.414)	1.551*** (0.419)	1.308*** (0.499)	1.962*** (0.444)	1.736*** (0.446)	1.463*** (0.527)
$\ln tri$	0.106 (0.668)	−0.070 (0.670)	0.471 (0.713)	0.406 (0.716)	0.148 (0.712)	0.549 (0.753)
$freg\_ad$	0.187 (0.097)			0.140 (0.104)		
$\ln(freg\_ec)$		−0.625** (0.328)			−1.246*** (0.349)	
$freg\_vo$			−0.120 (0.080)			−0.146* (0.084)

续　表

变　量	空间权重矩阵 W₂			空间权重矩阵 W₃		
	(1)	(2)	(3)	(4)	(5)	(6)
cons	−6.800 (169.312)	−54.917 (170.806)	−4.578 (187.515)	300.785* (182.739)	216.735 (182.752)	258.490 (199.536)
N	630	630	570	630	630	570
Wald test	1 720.736 (0.000)	1 834.475 (0.000)	959.720 (0.000)	1 619.576 (0.000)	1 635.44 (0.000)	895.833 (0.000)
调整 R^2	0.955	0.955	0.955	0.948	0.948	0.950
Log−L	−1 560.754	−1 560.583	−1 405.824	−1 606.971	−1 600.710	−1 438.980

表 4.6　稳健性分析二

变　量	行政命令型环境规制		市场激励型环境规制		自愿性环境规制	
	(1)	(2)	(3)	(4)	(5)	(6)
	FE	RE	FE	RE	FE	RE
$W*\ln PM$	0.968*** (0.036)	0.933*** (0.034)	0.978*** (0.036)	0.941*** (0.034)	0.987*** (0.045)	0.947*** (0.043)
$\ln pop$	−2.725 (3.182)	4.477*** (1.434)	−2.691 (3.144)	4.617*** (1.405)	−2.101 (3.633)	4.824*** (1.445)
$\ln gdp$	−123.517** (54.025)	−133.136** (53.707)	−101.203* (53.812)	−111.144** (53.599)	−96.848* (59.316)	−108.607* (58.584)
$(\ln gdp)^2$	12.503** (5.472)	13.803*** (5.422)	10.399* (5.446)	11.728** (5.406)	9.790* (6.048)	11.289* (5.944)
$(\ln gdp)^3$	−0.416** (0.184)	−0.474*** (0.181)	−0.350* (0.183)	−0.409** (0.180)	−0.327 (0.205)	−0.391** (0.200)
$\ln ino$	1.178*** (0.387)	1.243*** (0.386)	1.186*** (0.382)	1.251*** (0.382)	1.042*** (0.403)	1.089*** (0.403)

续　表

变量	行政命令型环境规制		市场激励型环境规制		自愿性环境规制	
	(1)	(2)	(3)	(4)	(5)	(6)
	FE	RE	FE	RE	FE	RE
lneff	-2.976^{***}	-2.837^{***}	-3.304^{***}	-3.164^{***}	-1.653	-1.441
	(0.808)	(0.797)	(0.807)	(0.797)	(1.240)	(1.196)
lnsec	-5.247^{***}	-4.397^{***}	-5.851^{***}	-4.921^{***}	-5.546^{***}	-4.470^{**}
	(1.657)	(1.626)	(1.649)	(1.620)	(1.839)	(1.789)
lnes	1.926^{***}	2.021^{***}	1.697^{***}	1.813^{***}	1.276^{**}	1.492^{***}
	(0.429)	(0.428)	(0.430)	(0.429)	(0.512)	(0.505)
lntri	-0.285	0.047	-0.557	-0.190	-0.176	0.191
	(0.701)	(0.690)	(0.696)	(0.685)	(0.737)	(0.721)
$freg\_ad$	0.113	0.106				
	(0.100)	(0.100)				
$\ln(freg\_ec)$			-1.197^{***}	-1.142^{***}		
			(0.335)	(0.336)		
$freg\_vo$					-0.137^{*}	-0.143^{*}
					(0.080)	(0.081)
$cons$	430.172^{**}	413.238^{**}	357.531^{**}	340.880^{**}	344.047^{*}	335.654^{*}
	(176.500)	(176.530)	(175.778)	(176.187)	(191.672)	(191.708)
N	630	630	630	630	570	570
Wald test (p)	1 735.910	1 742.522	1 779.372	1 774.023	965.591	970.124 2
	(0.000)	(0.000)	(0.000)	(0.000)	(0.000)	(0.000)
调整 R^2	0.952	0.951	0.953	0.952	0.954	0.934
Log$-$L	$-1\,579.875$	$-1\,584.346$	$-1\,573.440$	$-1\,578.064$	$-1\,412.556$	$-1\,416.308$

三、机制检验

前文理论分析得到,若不存在腐败、地下经济等不合法因素,企业的污染削减成本不高,那么,企业可能会通过技术创新和产业转移两种途径影响正式环境规制的污染减排效应。本部分将对正式环境规制影响污染排放的作用机制予以检验。从理论上讲,技术创新包括绿色技术创新和生产技术创新,因此,要检验技术创新的中介作用,应该将绿色技术和生产技术予以区分,其中,绿色技术进步对污染减排具有重要的影响,为此,我们采用各地区绿色专利申请数量(对数形式)度量绿色技术创新水平(用 lnino 表示)。同时,考虑到污染产业转移数量难以直接度量,参考沈坤荣等(2017)的思路,我们将国务院 2006 年公布的《第一次全国污染源普查方案》中明确规定的 11 个重污染行业作为污染密集型产业,这 11 个污染行业分别是造纸和纸制品业、农副食品加工业、化学原料及化学制品制造业、纺织业、黑色金属冶炼及压延加工业、食品制造业、电力热力的消费和供应业、皮革毛皮羽毛(绒)及其制品业、石油加工炼焦及核燃料加工业、非金属矿物制品业、有色金属冶炼及压延加工业。借鉴董直庆和王辉(2019)的研究,我们先计算出上市公司污染产业总资产占全部产业资产的比重,进而将上市公司数据整合为省级层面的数据(取对数)并将其作为省份污染产业转移的代理变量(用 lntr 表示)。表 4.7 和表 4.8 采用 GS2SLS 估计方法分别检验了绿色技术进步水平和污染产业转移程度在环境规制减排效应方面所发挥的中间传导机制作用。

从表 4.7 可以看出,行政命令型环境规制与绿色技术进步的交互项的系数在 10% 的水平上显著为负,可以说,随着绿色技术创新水平的提高,行政命令型环境规制对雾霾污染具有越来越高的抑制效应。虽然市场激励型环境规制的系数显著为负,

表 4.7 W_1 权重矩阵下绿色技术进步对环境 规制影响污染排放的机制检验

变 量	行政命令型环境规制		市场激励型环境规制		自愿性环境规制	
	(1)	(2)	(3)	(4)	(5)	(6)
	FE	RE	FE	RE	FE	RE
$W * \ln PM$	0.982*** (0.036)	0.947*** (0.034)	0.995*** (0.037)	0.952*** (0.034)	0.992*** (0.043)	0.956*** (0.042)
$\ln pop$	−3.239 (3.167)	4.268*** (1.457)	−3.677 (3.209)	4.402*** (1.430)	−2.429 (3.615)	4.726*** (1.471)
$\ln gdp$	−125.430** (53.856)	−136.176** (53.499)	−91.195* (54.859)	−106.315** (54.420)	−91.918 (59.561)	−110.340* (58.476)
$(\ln gdp)^2$	12.447** (5.455)	13.880*** (5.402)	9.272* (5.568)	11.181** (5.500)	9.225 (6.078)	11.410* (5.935)
$(\ln gdp)^3$	−0.403** (0.183)	−0.467*** (0.181)	−0.309* (0.187)	−0.389** (0.184)	−0.305 (0.206)	−0.393** (0.200)
$\ln ino$	1.300*** (0.388)	1.372*** (0.387)	1.063*** (0.410)	1.185*** (0.407)	1.067*** (0.402)	1.174*** (0.405)
$\ln eff$	−2.730*** (0.812)	−2.564*** (0.801)	−3.357*** (0.811)	−3.170*** (0.800)	−1.646 (1.238)	−1.411 (1.196)
$\ln sec$	−5.326*** (1.651)	−4.472*** (1.621)	−6.035*** (1.646)	−5.060*** (1.618)	−5.740*** (1.839)	−4.747*** (1.790)
$\ln es$	1.992*** (0.429)	2.083*** (0.428)	1.709*** (0.430)	1.823*** (0.429)	1.258** (0.512)	1.476*** (0.504)
$\ln tri$	−0.183 (0.702)	0.155 (0.691)	−0.661 (0.701)	−0.250 (0.689)	−0.274 (0.743)	0.107 (0.725)
$freg\_ad$	0.574** (0.251)	0.544** (0.250)				
$\ln(freg\_ec)$			−2.128** (1.000)	−1.736* (0.983)		

续　表

变　量	行政命令型环境规制		市场激励型环境规制		自愿性环境规制	
	(1)	(2)	(3)	(4)	(5)	(6)
	FE	RE	FE	RE	FE	RE
freg_vo					0.217 (0.383)	0.259 (0.456)
lnino× freg_ad	−0.075** (0.037)	−0.071* (0.037)				
lnino× ln(freg_ec)			0.119 (0.121)	0.076 (0.118)		
lnino× freg_vo					−0.045 (0.048)	−0.104 (0.117)
cons	444.188** (175.947)	428.935** (175.843)	355.801* (177.741)	329.568* (178.054)	331.678* (192.169)	343.779* (191.269)
N	630	630	630	630	570	570
Wald test (p)	1 784.131 (0.000)	1 796.133 (0.000)	1 810.068 (0.000)	1 806.835 (0.000)	1 013.493 (0.000)	1 029.000 (0.000)
调整 R^2	0.952	0.952	0.953	0.952	0.954	0.954
Log−L	−1 577.223	−1 581.519	−1 572.355	−1 577.331	−1 411.873 4	−1 415.364

表4.8　W_1 权重矩阵下污染产业转移对环境
规制影响污染排放的机制检验

变　量	行政命令型环境规制		市场激励型环境规制		自愿性环境规制	
	(1)	(2)	(3)	(4)	(5)	(6)
	FE	RE	FE	RE	FE	RE
$W*lnPM$	0.993*** (0.036)	0.957*** (0.034)	0.993*** (0.036)	0.951*** (0.034)	0.994*** (0.044)	0.959*** (0.042)

续　表

变　量	行政命令型环境规制		市场激励型环境规制		自愿性环境规制	
	（1）	（2）	（3）	（4）	（5）	（6）
	FE	RE	FE	RE	FE	RE
lnpop	−3.178 (3.159)	4.459*** (1.453)	−3.782 (3.152)	4.438*** (1.432)	−2.005 (3.625)	4.878*** (1.476)
lngdp	−121.714** (53.681)	−133.004** (53.307)	−114.712** (53.964)	−124.974** (53.859)	−82.817 (60.484)	−95.150* (59.703)
(lngdp)^2	12.027** (5.440)	13.514** (5.384)	11.598** (5.454)	13.020** (5.427)	8.303 (6.175)	9.851* (6.068)
(lngdp)^3	−0.389** (0.183)	−0.454** (0.180)	−0.385** (0.183)	−0.449** (0.181)	−0.274 (0.209)	−0.339* (0.205)
lnino	1.141*** (0.385)	1.218*** (0.384)	1.312*** (0.384)	1.369*** (0.384)	1.065*** (0.402)	1.121*** (0.402)
lneff	−2.730*** (0.807)	−2.557*** (0.796)	−2.932*** (0.820)	−2.810*** (0.813)	−1.644 (1.238)	−1.390 (1.193)
lnsec	−6.228*** (1.675)	−5.378*** (1.643)	−6.478*** (1.658)	−5.438*** (1.628)	−5.772*** (1.841)	−4.755*** (1.791)
lnes	1.931*** (0.427)	2.026*** (0.425)	1.530*** (0.435)	1.672*** (0.434)	1.219** (0.513)	1.431*** (0.506)
lntri	−0.418 (0.698)	−0.086 (0.687)	−0.599 (0.693)	−0.215 (0.683)	−0.368 (0.753)	−0.011 (0.737)
$freg\_ad$	−0.266 (0.175)	−0.275 (0.175)				
ln($freg\_ec$)			−2.095*** (0.543)	−1.914*** (0.541)		
$freg\_vo$					0.994 (0.044)	−0.488* (0.295)
lntr× $freg\_ad$	0.121*** (0.046)	0.121*** (0.046)				

续　表

变　量	行政命令型环境规制		市场激励型环境规制		自愿性环境规制	
	(1)	(2)	(3)	(4)	(5)	(6)
	FE	RE	FE	RE	FE	RE
lntr × ln($freg\_ec$)			0.295** (0.141)	0.252* (0.140)		
lntr × $freg\_vo$					0.105 (0.088)	0.108 (0.089)
$cons$	0.121** (0.046)	423.558** (175.185)	414.350** (176.867)	391.927** (177.316)	299.397 (195.472)	293.511 (195.207)
N	630	630	630	630	570	570
Wald test (p)	1 788.105 (0.000)	1 801.030 (0.000)	1 819.943 (0.000)	1 816.601 (0.000)	991.952 (0.000)	1 005.630 (0.000)
调整 R^2	0.953	0.952	0.953	0.953	0.954	0.954
Log−L	−1 575.340	−1 579.832	−1 570.598	−1 575.804	−1 411.514	−1 414.943

但市场激励型环境规制与绿色技术进步交互项的系数并不显著。这表明市场激励型环境规制对污染排放具有较强的抑制效应，但绿色技术进步并没有发挥市场激励型环境规制对雾霾污染的缓解作用。自愿性环境规制的系数并不显著，其与技术创新的交互项也不满足10％的显著性水平，这意味着我们难以断定绿色技术进步是否有助于提升自愿性环境规制的污染抑制效应。表4.8考察了污染产业转移对正式环境规制减排效应的中间传导机制作用，可以看出，污染产业转移与行政命令型环境规制和市场激励型环境规制交互项的系数均显著为正，与自愿性环境规制交互项的系数不显著，这表明，污染产业转移是影响行

政命令型和市场激励型环境规制与雾霾污染关系的重要中介变量,随着污染产业转移,行政命令型环境规制和市场激励型环境规制对雾霾污染的抑制效应不断下降。

第四节　小　结

本章采用广义空间面板 2SLS 模型,实证检验了 2000—2020 年正式环境规制对雾霾污染的影响程度和方向。研究表明:(1)在全国样本下我国雾霾污染存在显著的空间溢出效应;(2)行政命令型环境规制是否能发挥减霾效应取决于其实施类型,通常环境行政处罚和环境行政规章难以起到抑制雾霾污染的作用,而环保法规的制定对雾霾污染具有显著的抑制作用,这表明以政府主导的行政命令型环境规制存在一定的政策失灵现象;(3)基于市场工具的激励型环境规制显著降低了雾霾污染程度;(4)自愿性环境规制的减排效应具有一定的脆弱性;(5)绿色技术进步在行政命令型环境规制减排效应的发挥方面起到了重要的推动作用,但对市场激励型和自愿性环境规制减排效应并没有发挥应有的传导效果;(6)污染产业转移恶化了行政命令型和市场激励型环境规制的减排效果,不过对自愿性环境规制的减排效果并没有发挥传导机制的作用。

第五章

环境法治强化对污染治理的影响：来自上市公司的经验证据

第一节　引　言

第四章从宏观角度考察了正式环境规制的三种形式，即行政命令型环境规制、市场激励型环境规制和自愿性环境规制对空气质量的影响。研究得到，行政命令型环境规制对环境污染的影响取决于规制的具体类型，通常环境法规才具有减排效应，而环境行政处罚和环保规章难以起到抑制污染的效果。由此可见，污染治理法治化的减排效果还有待深入探究。

在污染治理中，法治是环境污染治理的基础，并会影响其他制度效应的发挥（梁平汉和高楠，2014；李树和陈刚，2013）。通常，污染治理的法治化包含两个层面，法律法规建设和司法能力建设。尽管法律法规对污染治理发挥了重要作用，这一结论也被第四章研究所证实，然而从法律法规和司法能力两者的关系来看，法律法规对污染治理的作用依赖于环保执法水平的高低（包群等，2013）。长期以来，我国在法律法规建设上不遗余力，从 1989 年《中华人民共和国环境保护法》颁布开始，相关立法部门已经颁布了百余件全国及省级层面的法律法规，但相比较而言，我国的环境司法和执法水平还不尽如人意。据不完全统计，1998 年以来，我国的环境污染年纠纷数量以超过 20％ 的速度增长(范子英和赵仁杰,2019)。为解决我国的环境司法效率整体偏低、环境污染侵权的法律判定和污染治理法治化不相匹配的问题,同时使环境治理从"有法可依"到"有法必依",环保法庭制度应运而生。环保法庭的设立被认为是在生态文明建设的大背景下,我国通过环境司法专门化提高环境司法能力建设的重大举措(张式军,2016)。

环保法庭制度始于20世纪50年代,是通过专门设立环境资源审判机构为环境行政判决提供依据的一种制度(McClellan,2005),被视为解决环境资源纠纷和应对环境危机的一种通行做法。2007年11月,我国建立了第一个环保法庭——贵州省清镇市人民法院环保法庭。此后,我国又陆续设立了系列环保法庭。2014年7月3日,我国最高人民法院成立了专门的环境资源审判庭,这标志着我国环境司法进入一个新阶段。截至2022年12月,最高人民法院和30个高级法院以及新疆生产建设兵团分院均设立环境资源审判庭,继南京、兰州、昆明、郑州设立环境资源法庭之后,最高人民法院批准设立长春、乌鲁木齐环境资源法庭,专业机构四级法院全覆盖不断完善,环境资源案件跨行政区划集中管辖和刑事、民事、行政案件"三合一"归口审理持续推进[①]。

需要思考的是,被寄予厚望的环保法庭的设立是否在环境法治强化过程中起到环境污染治理的预期效果呢?基于上述现实背景,本章基于2007—2022年上市公司的微观数据,以中国设立环保法庭这一事件作为一项准自然实验,采用双重差分法

---

① 见 https://www.chinacourt.org/article/detail/2023/06/id/7326244.shtml。

对环境法治的污染治理效应予以分析。对上述问题予以研究，一方面，可以对第四章的研究内容予以深化，从微观视角加深对行政命令型环境规制减排效应的认识；另一方面，针对当前业界和学界关于环保法庭设立褒贬不一的看法，我们可以通过实证检验得到环保法庭环境治理效应的准确评价。本章旨在通过上述研究为推动我国全方位的环境治理体系建设提供新的学理支撑和经验支持。

第二节　制度背景

在借鉴设立国外环保法庭先进经验的基础上，我国于 2007年 11 月开始进行环境司法专门化建设试点。贵阳市中级人民法院下属的县级市清镇市基层人民法院所设立的环境保护法庭是我国第一个专门的环境审判组织，该环境保护法庭旨在通过司法手段解决"两湖一库"的严重污染问题。为解决环保法庭设立后存在的"无法可依"之困境，我国最高人民法院于 2010 年印发了《关于为加快经济发展方式转变提供司法保障和服务的若干意见》，并于 2011 年印发了《最高人民法院工作报告》。该报告明确指出，要"探索建立环境公益诉讼制度，推动地方法院设立环保法庭，依法促进生态文明建设"。2014 年 7 月 3 日，最高人民法院宣布成立专门的环境资源审判庭，标志着我国环境审判机构的专门化由地方探索上升到国家布局，此后我国环保法庭数量增长迅速。根据最高人民法院发布的《中国环境资源审判(2022)》，截至 2022 年 12 月，人民法院结合生态环境保护实际需要,设立环境资源专门审判机构或组织 2 426 个,涵盖四级法院的专门化审判组织架构基本建成。

从环境资源审判的类型来看,我国的环境审判结构形式多样,如环境资源审判庭、合议庭、巡回法庭和派出法庭等。以2020 年为例,在全国 1 993 个环境资源审判机构中,环境资源审判庭占比 30.96％,合议庭占比 58.55％,人民法庭和巡回法庭的数量相对较少。从各审判机构的职能来看,环保审判庭是各级人民法院设置的专门审理有关生态环境问题的法庭,其审判专业性最强,在我国环境纠纷案件审理以及环境保护中所起的作用最大,是真正意义上的环境专门审判组织。环境保护合议庭由三名以上的审判员或者人民陪审员组成,其成员不是一成不变的,具有相对临时性。巡回法庭是环境资源审判的另一种形式,是人民法院设置巡回审判点,定期或不定期对案件进行巡回审理的一种组织形式,该审判形式的特点是就地开庭、注重调解、巡回收案、指导人民调解工作①。派出法庭是针对环境资源纠纷案件基层人民法院的派出机构。在这几种审判形式中,环保审判庭多由中级及以上人民法院设立,其组成成员固定,受案范围广,而其他审判形式的专业度、审判执行能力都不如环保审判庭(李毅等,2022)。

环保法庭的设立是近年来备受业界和学界关注的重要事件,与此同时,对环保法庭效果的讨论也不绝于耳。有学者认为,被寄予厚望的环保法庭的设立难以达到理想的预期效果。具体来讲:第一,很多环保法庭的设立带有显著的危机应对色

---

① 见 https://www.chinacourt.org/article/detail/2013/03/id/932791.shtml。

彩,其设立是为了迎合司法制度创新的"应景之作";第二,现行法律对环境公益诉讼的主体资格限定范围依然过窄,从而导致了许多公益诉讼案件因"起诉人不具备原告资格"被阻挡在司法审查的大门之外,环境民事公益诉讼制度的作用无法得以充分发挥;第三,环保法庭被视为地方法院提高自身权威的一种方式,其"更大的功效不在于审理环境纠纷,而在于象征性地宣示有了专门的环境纠纷的审理机构"。此外,超出实际审判需要的跟风设立带来的是长期无案可审的尴尬处境,以及行政机构臃肿、人浮于事的不良作风。

针对上述制度背景,本章旨在从微观视角综合考察环境法治化的政策效果,从而检验环境司法制度改革能否推动地方环境治理。鉴于环保法庭设立这一政策试验为我们研究政策评估提供了宝贵机会,我们主要采取双重差分法对政策实施效果予以检验。

第三节　研　究　设　计

一、计量模型

由于各地环保法庭设立的时间不统一,我们主要采用多期双重差分法(DID)评估环境法治的污染治理效应,其模型设定形式如下:

$$y_{ijt} = \alpha + \beta treatment_{jt} + \sum_{j=1}^{k} \gamma_j x_{j,\,it} + \theta + \varepsilon_{ijt} \qquad (5.1)$$

式(5.1)中，i 表示企业，j 表示城市，t 表示年份 2007—2022 年，x 表示企业层面的控制变量，核心解释变量 $treatment$ 是企业 i 所在的城市 j 的中级人民法院是否设立环境资源审判庭的双重差分项，即 $treatment_{jt} = treat_j \times time_t$，其含义是若城市 j 的中级人民法院设立了环境资源审判庭，则 $treat_j = 1$，否则为 0，若在设立时间及以后，则 $time_t = 1$，否则为 0。ε 表示随机扰动项。

除采用传统的双重差分法评估环保法庭设立的政策效应外，我们还在稳健性分析中引入了三重差分项，即行业的污染属性，其模型可设定如下：

$$y_{ijt} = \alpha' + \beta' treatment_{jt} \times poll_i + \sum_{j=1}^{k} \gamma'_j x_{j,\,it} + \theta' + \varepsilon'_{ijt}$$

(5.2)

式(5.2)中，$poll_i$ 为哑变量，表示企业 i 是否为重污染企业，其重污染企业的设定标准可参考李井林等(2021)。其他变量的界定与式(5.1)一致。

二、变量选取和数据来源

本章的被解释变量为上市公司污染排放量，我们选择对数形式的二氧化硫排放量(lnso)作为度量被解释变量的基础指标，与此同时，还选取了对数形式的氮氧化物排放量(lnnox)和烟尘排放量(lndust)作为度量企业污染排放的稳健性分析指标。除上述度量大气污染排放的指标外，我们进一步选取了两个度量水污染排放的指标，分别是对数形式的企业化学需氧量(Chemical Oxygen Demand，COD)排放量(lncod)和氨氮排放量($\ln nh$)。

我们用环保法庭($treatment$)表示核心解释变量,具体用上市公司所在地级市的中级人民法院是否设立环境资源审判庭及哑变量设立时间的交互项表示。由于基层法院设立数据较难查证,同时考虑到基层法院设立的环保法庭存在合法性危机、专业性不强、管辖范围受限等问题(范子英和赵仁杰,2019),我们没有收集基层法院环保法庭数据。在环保法庭的四种形式中,鉴于审判庭具有更广泛的受案范围和更强的审判力和执行力,参考李毅等(2022)的做法,我们以设立环境资源审判庭的中级人民法院所在的地级市作为实验组,没有设立环境资源审判庭的中级人民法院所在的地级市作为控制组。

为了避免遗漏变量偏误,我们还选取了影响企业污染排放的其他变量作为控制变量。(1)企业规模,用对数形式的企业总资产和人员数量分别表示企业资产规模($\ln size$)和人员规模($\ln employee$)。(2)企业盈利能力,用净资产收益率(roe)和销售毛利率($grossprofit$)[①]两个指标表示。(3)企业经营能力,用总资产周转率(ato)表示。(4)企业偿债能力,用资产负债率即年末总负债与总资产之比(lev)表示。(5)企业发展能力,用总资产增长率($assetgrowth$)表示。(6)企业研发水平,用无形资产与总资产之比($intangible$)表示。

本章的核心解释变量环保法庭的数据根据中国各地级市人民法院官网及新闻报道等综合整理得到。企业层面的数据来自CSMAR 数据库。表 5.1 报告了各变量描述性统计结果。

---

① 净资产收益率=净利润/所有者权益平均余额;销售毛利率=(营业收入－营业成本)/营业收入。

**表 5.1　环境法治强化对污染治理影响检验
所需变量的描述性统计结果**

变量名	观测值	平均值	标准差	最小值	最大值
ln*so*	34 679	7.049	0.329	6.044	7.588
ln*nox*	34 679	7.434	0.325	6.45	7.956
ln*dust*	34 679	7.87	0.325	6.892	8.386
ln*cod*	34 679	5.664	1	1.191	6.994
ln*nh*	34 679	6.905	0.337	5.862	7.47
treatment	34 679	0.302	0.459	0	1
ln*size*	34 679	22.223	1.31	19.317	26.452
ln*employee*	34 679	7.678	1.271	3.555	11.181
roe	34 679	0.062	0.136	−0.926	0.47
grossprofit	34 679	0.285	0.176	−0.062	0.871
ato	34 679	0.659	0.465	0.057	3.106
lev	34 679	0.438	0.204	0.027	0.908
assetgrowth	34 679	0.168	0.368	−0.383	5.116
intangible	34 679	0.046	0.051	0	0.382

第四节　实证结果分析

一、基准回归结果

为避免企业样本中的离群值给回归结果带来的影响，在基准回归分析前，我们首先对模型中的被解释变量、解释变量和控制变量在前后 1% 的水平上进行了 Winsorize 缩尾处理。在此基础上,我们汇集了环境法治强化对上市公司污染排放(以对数形式的二氧化硫排放量为例)影响的基准回归结果,如表 5.2 所示。表 5.2 中第(1)列仅控制了个体固定效应,第(2)列进一步控制了省份效应,第(3)列和第(4)列再逐步控制了城市效应和行业效应。下面我们重点以第(4)列为例,对基准回归结果予以分析。核心解释变量 *treatment* 的系数为 0.208,且满足 1% 的显著性水平,这意味着环保法庭设立不仅没有缓解反而加剧了上市公司的二氧化硫排放。该结论不免让我们对环保法庭设立的环境治理效应产生怀疑。

表 5.2　环境法治强化对污染治理影响的基准回归结果

变　量	(1)	(2)	(3)	(4)
treatment	0.216*** (0.004)	0.218*** (0.004)	0.215*** (0.004)	0.208*** (0.004)
ln*size*	0.315*** (0.003)	0.315*** (0.003)	0.317*** (0.003)	0.315*** (0.003)
ln*employee*	−0.063*** (0.003)	−0.064*** (0.003)	−0.063*** (0.003)	−0.066*** (0.003)
roe	−0.246*** (0.012)	−0.247*** (0.012)	−0.240*** (0.012)	−0.241*** (0.012)
grossprofit	0.012 (0.016)	0.013 (0.016)	0.002 (0.016)	0.017 (0.016)
ato	−0.005 (0.006)	−0.005 (0.006)	−0.008 (0.006)	−0.009 (0.006)
lev	−0.272*** (0.012)	−0.272*** (0.012)	−0.270*** (0.012)	−0.263*** (0.012)

变 量	(1)	(2)	(3)	(4)
assetgrowth	−0.087*** (0.003)	−0.087*** (0.003)	−0.088*** (0.003)	−0.087*** (0.003)
intangible	0.150*** (0.040)	0.154*** (0.040)	0.138*** (0.040)	0.108*** (0.041)
控制个体效应	是	否	否	否
控制省份效应	是	是	否	否
控制城市效应	是	是	是	否
控制行业效应	是	是	是	是
N	34 679	34 679	34 679	34 679
R^2	0.550	0.552	0.557	0.571

二、稳健性考察

为对基准回归结果的准确性予以验证，我们继而采取了多种形式的稳健性检验。第一种方法是替换被解释变量。表5.3中第(1)、(2)列将被解释变量分别替换为企业氮氧化物排放量和烟尘排放量，第(3)、(4)列将被解释变量二氧化硫排放量替换为水污染排放的典型代表——化学需氧量排放量和氨氮排放量。可以看出，替换被解释变量后，核心解释变量的系数显著为正，表明基准回归结果具有一定的准确性。

除了环保法庭设立会影响上市公司污染排放外，还可能存在其他因素对环保法庭设立地区和不设立地区产生不一致的影响，从而导致估计结果产生偏差。为此，我们采用了三重差分法克服

表 5.3 环境法治强化影响污染治理的稳健性
考察(替换被解释变量)

变 量	(1)	(2)	(3)	(4)
	ln*nox*	ln*dust*	ln*cod*	ln*nh*
treatment	0.213*** (0.004)	0.211*** (0.004)	0.215*** (0.018)	0.213*** (0.004)
ln*size*	0.312*** (0.003)	0.313*** (0.003)	0.313*** (0.013)	0.314*** (0.003)
ln*employee*	−0.062*** (0.003)	−0.065*** (0.003)	−0.082*** (0.014)	−0.066*** (0.003)
roe	−0.225*** (0.012)	−0.224*** (0.011)	−0.165*** (0.057)	−0.222*** (0.013)
grossprofit	0.013 (0.016)	0.005 (0.016)	0.015 (0.078)	0.007 (0.017)
ato	−0.008 (0.005)	−0.011** (0.005)	0.008 (0.027)	−0.009 (0.006)
lev	−0.257*** (0.012)	−0.251*** (0.012)	−0.278*** (0.057)	−0.252*** (0.013)
assetgrowth	−0.086*** (0.003)	−0.085*** (0.003)	−0.110*** (0.016)	−0.088*** (0.004)
intangible	0.079** (0.039)	0.140*** (0.039)	0.038 (0.194)	0.077* (0.043)
控制个体效应	是	是	是	是
控制省份效应	是	是	是	是
控制城市效应	是	是	是	是
控制行业效应	是	是	是	是
N	34 679	34 679	34 679	34 679
R^2	0.583	0.586	0.059	0.545

这一问题,将是否为重污染企业作为环境法治强化政策影响的实验组和控制组。三重差分法的实证结果如表5.4中第(1)、(2)列所示。可以看出,核心解释变量的系数依然显著为正,表明环保法庭的设立确实加剧了企业污染排放。表5.4中第(3)、(4)列采用了第三种稳健性检验方法,即将核心解释变量由上市公司所在地级市的中级人民法院设立环境资源审判庭这一事件($treatment$)改为上市公司所在省份的高级人民法院设立环境资源审判庭事件($treatment_1$)。研究表明,即使替换核心解释变量,环境法治强化对上市公司污染排放也存在显著的正向影响。

上述基准和稳健性分析得到的结论与范子英和赵仁杰(2019)、李毅等(2022)基于宏观数据的检验结论不同。研究结论的差异可能与样本选择和研究方法有关。同时,该结论不免引发我们对环境法治强化是否具有减排效应的新思考。环保法庭设立的初衷是通过探索环境审判的新机制,进而以更强大的司法力量解决环境纠纷和环境群体性事件。然而,从实证结果来看,被寄予厚望的环保法庭难以实现预期的理想效果,环保法庭的设立,不仅没有减少企业污染排放,反而在一定程度上加剧了污染排放。我们认为,上述现象可归因于以下三个方面:第一,尽管各中级人民法院成立了环境资源审判庭,但其并没有法律的明确授权。贵阳市中级人民法院环境保护审判庭是在"两湖一库"水质恶化引发的水安全危机这一背景下设立的,无锡环保法庭的设立与太湖海藻事件引发的水生态危机密不可分。可以说,环保法庭的设立带有一定的危机应对色彩,因此"应景而生"的环保法庭难以消除内生性困境(张式军,2016),这是环保法庭设立不能缓解企业污染排放的原因之一。第二,自2014年

表 5.4　环境法治强化影响污染治理的稳健性考察
（三重差分法和替换核心解释变量）

变　　量	(1)	(2)	(3)	(4)
$treatment \times poll$	0.208*** (0.007)	0.208*** (0.007)		
$treatment_1$			0.283*** (0.003)	0.273*** (0.003)
$\ln size$	0.355*** (0.003)	0.352*** (0.003)	0.236*** (0.003)	0.237*** (0.003)
$\ln employee$	−0.069*** (0.003)	−0.072*** (0.003)	−0.043*** (0.003)	−0.045*** (0.003)
roe	−0.271*** (0.012)	−0.259*** (0.012)	−0.184*** (0.011)	−0.183*** (0.011)
$grossprofit$	−0.023 (0.017)	−0.019 (0.017)	−0.020 (0.015)	−0.016 (0.015)
ato	−0.010* (0.006)	−0.015*** (0.006)	−0.015*** (0.005)	−0.017*** (0.005)
lev	−0.284*** (0.012)	−0.274*** (0.012)	−0.227*** (0.011)	−0.222*** (0.011)
$assetgrowth$	−0.100*** (0.003)	−0.100*** (0.003)	−0.060*** (0.003)	−0.062*** (0.003)
$intangible$	0.134*** (0.042)	0.091** (0.042)	0.150*** (0.037)	0.116*** (0.038)
控制个体效应	是	是	是	是
控制省份效应	否	是	否	是
控制城市效应	否	是	否	是
控制行业效应	否	是	否	是
N	34 679	34 679	34 679	34 679
R^2	0.517	0.543	0.609	0.625

最高人民法院宣布成立环境资源审判庭以来，全国各地的环保法庭呈现出遍地开花的现象，与环保法庭的无序增长相比，环境案件的实际受理量却屈指可数，环保法庭的设立很多是形式主义和象征主义，实际并没有发挥出应有的环境审判职能。可以说，环保法庭的不当设置和环境审判职能的制度缺失是造成环保法庭难以有效发挥司法威慑作用的重要原因。第三，环保法庭的设立是政府加强环境规制的重要信号，但在环保法庭机制不健全、环境诉讼制度不完善的情况下，排污企业可能会趁机增加污染排放，以应对未来环境法治强化后企业减排压力增大的负面影响。

三、异质性分析

（一）考虑企业产权属性的异质性

为进一步考察环保法庭设立对上市公司污染排放影响的差异性，我们进行了多种形式的异质性分析。首先，按照产权性质将上市公司分为国有企业和非国有企业，并在此基础上以对数形式的二氧化硫排放量为被解释变量，采用双重差分法进行了分样本回归。实证结果如表 5.5 第（1）、（2）列所示，其中，第（1）列对应的样本为国有企业，第（2）列对应的样本为非国有企业。从核心解释变量的系数大小可以看出，环保法庭设立对国企上市公司的环境影响更大。也就是说，环保法庭设立会导致国有上市公司排放更多的二氧化硫。国有企业作为绿色低碳转型的排头兵和生力军，理应在环境污染治理中发挥更大的引领作用，然而，从实证结果来看，国有企业在污染排放中却表现出更强的环境投机主义倾向。

（二）考虑区域异质性

表5.5中第(3)、(4)列分别报告了环境法治强化对东部地区和中西部地区上市公司污染排放的影响。可以看出，东部地区核心解释变量的系数为0.196，中西部地区核心解释变量的系数为0.211，且两者都满足1%的显著性水平。由此可知，不论东部还是中西部，环保法庭设立均加剧了各自区域上市公司的二氧化硫排放，不过中西部地区环保法庭设立的污染恶化效应更强。

（三）考虑企业污染异质性

根据李井林等(2021)，我们将上市公司分为重污染企业和非重污染企业，对两个子样本的双重差分回归结果如表5.5第(5)、(6)列所示。从核心解释变量的系数大小可以看出，环保法庭设立导致重污染上市公司排放了更多的二氧化硫。

以上分析结果表明，国有企业、中西部地区、重污染行业的上市公司会在环保法庭设立后产生更多的污染排放。

表5.5 环境法治强化对污染治理影响的异质性检验结果

变　量	是否国企		是否东部		是否重污染企业	
	(1)	(2)	(3)	(4)	(5)	(6)
$treatment$	0.225***	0.166***	0.196***	0.211***	0.209***	0.195***
	(0.006)	(0.005)	(0.004)	(0.007)	(0.007)	(0.004)
$lnsize$	0.358***	0.283***	0.302***	0.357***	0.386***	0.297***
	(0.005)	(0.004)	(0.003)	(0.005)	(0.006)	(0.003)
$lnemployee$	−0.053***	−0.064***	−0.043***	−0.124***	−0.136***	−0.045***
	(0.005)	(0.004)	(0.003)	(0.006)	(0.007)	(0.003)
roe	−0.227***	−0.222***	−0.240***	−0.246***	−0.297***	−0.215***
	(0.021)	(0.014)	(0.014)	(0.022)	(0.025)	(0.013)

续　表

变　量	是否国企		是否东部		是否重污染企业	
	(1)	(2)	(3)	(4)	(5)	(6)
grossprofit	−0.028 (0.028)	0.024 (0.020)	0.019 (0.020)	0.007 (0.029)	0.165*** (0.034)	−0.063*** (0.019)
ato	−0.014 (0.009)	0.002 (0.007)	−0.023*** (0.007)	0.023** (0.010)	0.068*** (0.011)	−0.044*** (0.007)
lev	−0.421*** (0.021)	−0.105*** (0.014)	−0.226*** (0.014)	−0.331*** (0.022)	−0.357*** (0.023)	−0.193*** (0.014)
assetgrowth	−0.114*** (0.006)	−0.070*** (0.004)	−0.091*** (0.004)	−0.081*** (0.006)	−0.105*** (0.007)	−0.082*** (0.004)
intangible	0.248*** (0.062)	−0.026 (0.054)	0.133*** (0.051)	0.179*** (0.068)	0.523*** (0.079)	0.008 (0.047)
控制个体效应	是	是	是	是	是	是
控制省份效应	是	是	是	是	是	是
控制城市效应	是	是	是	是	是	是
控制行业效应	是	是	是	是	是	是
N	14 038	20 641	24 255	10 424	9 859	24 820
R^2	0.624	0.531	0.564	0.600	0.559	0.574

第五节　小　结

　　本章将环保法庭设立作为一项准自然实验，采用双重差分法、三重差分法等方法就环境法治强化对企业污染排放的影响进行了较为丰富的实证考察。研究得到,环保法庭设立并没有起到缓解企业污染排放的效果,反而在一定程度上加剧了企业污染排放。多种形式的稳健性考察进一步强化了该结论。环境法治强化对企业污染排放的影响表现出较强的异质性,国有企业、中西部地区、重污染行业的上市公司会在环保法庭设立后产生更多的污染排放。本部分研究结论为我们深入理解环境司法政策的有效性提供了重要的学理支撑,也为后续环境审判改革和环境司法深化提供了实证依据。

第六章

网络媒体之音与雾霾污染：来自新浪微博的证据

第一节 问题的提出

过去四十年来,中国在取得经济发展奇迹的同时付出了高昂的生态环境代价(Zhang et al.,2017),自 2013 年 1 月大规模、持续性的雾霾污染事件爆发以来,政府和公众对雾霾污染和大气质量的关注度便在持续上升。严重的雾霾污染根植于过去几十年内以 GDP 增长为核心的官员晋升锦标赛所引致的掠夺式经济增长模式(Pu 和 Fu,2018;Chen et al.,2018)。频发的雾霾污染天气不仅损害公众身心健康(Jin et al.,2016),而且还显著降低了劳动生产率,阻碍经济增长质量的提升(陈诗一和陈登科,2018)。

为应对严重的雾霾污染,中国政府打响了"蓝天保卫战"并推行了一系列诸如加强环境法治建设、提升环境监管能力、推进环保市场化改革等有针对性的环境规制措施。需要强调的是,大气污染治理固然离不开环境规制政策的制定和有效执行,然而公众参与对污染治理的推动作用不可或缺(Zhang,2017),甚至可以说,中国雾霾治理政策的及时推行在很大程度上是公众或社会团体推动的(Liu et al.,2018)。公众环保意识的增强无疑会激发居民的环境请愿、信访、集会和上访等非正式环境规制行为,迫使政府制定和执行更加严格的正式环境规制政策,严控环境负外部性较强的生产项目,并敦促企业减少污染物的违规排放。在环境参与的渠道上,网络媒体开始在收集和传播环境信息过程中发挥出越来越大的作用,并成为大多数公众生活中必不可少的组成部分和表达环境诉求的重要渠道(郑志刚,2007)。2008年,美国驻华大使馆在推特上实时发布北京空气质量,随后这一行为引发了国内微博的广泛关注。在强大的舆论力量面前,2012年3月,我国开始实施新的空气质量标准,将$PM_{2.5}$首次纳入环境质量检测范围。部分人士认为新环境标准的实施是中国微博和公众取得的胜利(Kay et al.,2015)。此外,公众压力还推动了清洁空气相关法案的修订(Wang,2013)。

当前,公众通过网络媒体披露企业污染排放状况、表达环境治理诉求已经成为一种趋势。网络媒体的舆论攻势不仅提高了公众对环境问题的关注度,而且还激活了公众、政府和企业管理者之间在环境规制过程中的良性互动(Huang,2015)。网络媒体的信息传播往往会演化成一股强大的舆论风暴,从而在客观上增加政府和排污企业的环境改善压力(徐圆,2014)。因此,网络媒体已经成为中国环境治理过程中不容忽视的一股重要力量。这一现象引发我们做出如下思考:网络媒体关注所带来的舆论压力是否有助于缓解雾霾污染? 其对雾霾污染治理的时效性和异质性如何? 网络媒体关注影响雾霾污染的中间传导机制是什么? 对网络媒体关注的减霾效应进行考察,有助于加强政府对网络媒体的良性引导,缓解民众、政府与企业之间的无谓矛盾,从而有利于更合理地利用网络媒体来有效推进雾霾治理工作。

　　现有研究已经就网络媒体关注对大气质量的影响开展了部分探索性研究工作,既有文献尚存在以下三个可进一步拓展和完善之处:其一,尽管已有部分学者对公众环境关注与空气质量的关系开展了一些探索性研究,但除 Zhang et al.(2018)采用月度数据外,大部分研究的样本为年度数据。鉴于网络媒体关注度对雾霾污染的影响具有明显的即时性和动态性,采用年度平均数据开展研究显然会对短期内两者的真实作用关系产生很大程度的"平抑"作用,我们难以捕捉两者的真实动态作用关系。其二,网络媒体关注对环境质量的影响方向和影响程度与网络媒体的类别相关,不同类型网络媒体的环境规制效果可能有所差异(Yang 和 Calhoun,2007)。现有研究考察了网络搜索引擎(如郑思齐等,2013)、主流门户网站和地方政府官网(如 Zhang et al.,2018)等网络媒体信息传播所引致的舆论压力对环境质量的影响,然而,除 Zhang(2017)外,学者对新浪微博这一全球使用较多的网络媒体的环境规制效应的考察却相对较少①。尽管有少数学者以微博为例分析环境治理问题,但遗憾的是,囿于数据的可得性,鲜有学者对新浪微博 $PM_{2.5}$ 话题进行统计分析,进而考察其所代表的网络媒体关注度对大气质量的影响。其三,现有研究还有待进一步考察网络媒体关注影响雾霾污染作用机制。基于此,我们以全球使用最多的微型博客之一——新浪微博为例,以中国雾霾污染代表性最强、被关注度最高的北京市为研究对象,采用网页抓取工具捕获 2011 年 6 月至 2015 年 10 月新浪微博每天发布的雾霾污染类词条的原创次数和转发

---

　　① Zhang(2017)从人口统计、话语策略和潜在社会影响三个层面分析了社会各界对新浪微博平台 $PM_{2.5}$ 话题的不同反应。

次数,并将其作为网络媒体关注的代理变量,进而采用协整分析、结构突变协整分析、带门限机制的协整回归等方法,实证考察了网络媒体雾霾关注所引发的舆论压力对雾霾污染的影响,并识别了网络媒体关注影响雾霾污染的传导机制。特别地,我们重点考察了微博用户的特殊群体——大 V 用户的舆论示范作用以及特殊时点网络媒体关注影响雾霾程度的结构突变效应。

与现有文献相比,本章的边际贡献主要体现在如下四个方面。首先,我们利用美国大使馆公布的北京市每天的 $PM_{2.5}$ 浓度表征北京市的雾霾污染程度,进而以新浪微博为载体,运用 Python 工具以"雾霾""$PM_{2.5}$""PM_{10}""空(大)气质量""空(大)气污染"为关键词,抓取雾霾相关词条,得到 2011 年 6 月至 2015 年 10 月北京市新浪微博用户每天对雾霾污染词条的原创量和转发量,以表示网络媒体关注所引发的舆论压力。其次,采用协整分析、带门限机制的协整回归方法考察网络舆论压力的减霾效应,同时对新浪微博用户的特殊群体——大 V 用户的舆论示范作用进行专门考察。再次,区别于现有研究检验某些特殊节事时期空气质量的状况,本章采用结构突变协整分析方法找出研究时段的结构突变时间,并探索结构突变时间前后网络舆论压力影响雾霾污染的差异。最后,考察正式环境规制行为影响网络媒体关注与雾霾污染关系的中间传导机制。本章旨在通过上述工作,考察雾霾污染随网络媒体关注的演变规律和作用路径,这对引导和规范公众网络环境参与行为,提高政府环境规制水平进而改善空气质量具有重要意义。

第二节 实 证 策 略

一、模型与变量

作为信息化时代信息传播的重要平台,微博因在传播速度和自我掌控方面的优势而成为网络新媒体的重要代表(何贤杰等,2016)。与现有研究采用引擎搜索方法研究网络舆情相关影响的思路不同,我们采用微博用户的雾霾污染关注度度量网络媒体关注的大小,进而分析其对雾霾污染治理的影响。最初,中国微博有新浪微博、腾讯微博、网易微博和搜狐微博四种,截至2013年第一季度,新浪微博注册用户达到5.36亿,成为中国网民的主流微博平台,而到了2014年,新浪微博成为一枝独秀,其他微博纷纷退出。因此,我们选择新浪微博作为网络舆情传播的代表性平台,借此考察网络媒体的舆论压力对雾霾污染的反映程度及对雾霾污染治理的影响。另外,之所以选择北京市为研究样本,主要是因为北京市是中国的政治中心、文化中心和国际交流中心,其近年频发的雾霾污染问题引起了国际社会、政府及公众的广泛关注,具有很强的代表性。新浪微博的总部位于北京市,北京市在网络媒体和信息化建设方面处于中国领先水平。因此,考虑到雾霾污染问题上的地区代表性、网络媒体发展方面的优势,以及相关数据的可得性,我们最终以北京市为代表性研究样本开展实证考察。首先,构建如下标准化的协整模型:

$$y_t = \alpha + \sum_{i=1}^{p} \beta_i y_{t-i} + \sum_{i=0}^{p} \gamma_i x_{t-i} + \boldsymbol{\rho}\boldsymbol{Control}_t + \varepsilon_t \quad (6.1)$$

式(6.1)表示序列 y_t 与 x_t 之间存在协整关系,其中 y_t 表示北京市 $PM_{2.5}$ 日均浓度,且 $y_t \sim I(1)$;x_t 表示核心解释变量——新浪微博用户的雾霾污染关注度,用新浪微博用户关于雾霾污染相关词条的原创数量($lnorig$)和转发数量($lnforw$)两个指标(对数形式)表示,$x_t \sim I(1)$。微博作为一个信息传播平台,其信息传播机制是某个用户首先产生一条少于 140 字的信息,然后该信息被感兴趣的粉丝转发(丁绪武等,2014),可见,原创和转发是微博用户信息传播的重要途径(王晰巍等,2015)。特别地,我们还专门考察了微博的特殊群体——大 V 用户关于雾霾污染相关词条的原创量($lnvorig$)和转发量($lnvforw$)(对数形式)。t 表示日度时间,具体范围为 2011 年 6 月 20 日至 2015 年 10 月 22 日。α、β 为待估系数,ρ、$Control$ 分别表示系数及控制变量向量,ε 为随机扰动项。

我们选取的控制变量如下:(1)温度($temp$),采用日最高气温($temp\_h$)和日最低气温($temp\_l$)两项指标表示。石庆玲等(2016)的研究显示,中国城市空气质量与日最高气温存在显著的负相关关系,与日最低气温存在显著的正相关关系。(2)降水($rain$),采用是否降水(包括降雨和降雪)表示。若发生降水天气,则取值为 1,否则为 0。人为源排放和静稳天气是雾霾污染发生的两个重要因素,较少的降水通常不利于空气污染源的扩散,从而增加雾霾污染发生的可能性。(3)风力($wind$),若为三级以下风力,则取值为 1,反之为 0。在所有气象条件中,风力因素可能对雾霾污染具有最重要的贡献。通常小于 5.5 m/s 的三级以下风力表明天气处于无风、软风、轻风或微风状态，风力越小，发生重度雾霾污染的可能性越大，而较强的风力则有助于缓解雾霾污染(Liang et al.，2015)，预期该系数的符号为正值。(4) 休息日(*restday*)，若为周末和节假日则取值为 1，否则为 0。Riga-Karandinos(2006)考察了地中海沿海城镇周末与非周末空气污染的差异，而 Tan et al.(2013)的研究显示，1994—2008年，中国台湾地区空气污染情况在假日和非假日之间存在明显区别，这种差异被称为"假日效应"。因此，我们将周末与法定节假日合并为休息日，控制其对北京市雾霾污染的影响。

为进一步考察网络媒体关注与雾霾污染长期稳定关系下的结构变动性问题，我们采用结构突变的协整分析方法。具体来讲，变结构协整分析方法包括截距项突变、含时间趋势项截距突变以及截距项和斜率突变三种结构突变模型。由于我们更关注的是网络媒体关注减霾效应的变动，即网络媒体关注系数的大小，因而重点考察斜率突变协整模型。参考彭旭辉和彭代彦(2017)，斜率突变协整模型具体可表示如下：

$$y_t = \alpha + \beta x_t + \gamma x_t \varphi_{t\tau} + \boldsymbol{\rho Control}_t + \varepsilon_t \qquad (6.2)$$

式(6.2)中，$\varphi_{t\tau}$ 表示结构突变虚拟变量。当 $t \leqslant [n\tau]$ 时，$\varphi_{t\tau} = 0$；当 $t > [n\tau]$ 时，$\varphi_{t\tau} = 1$；$\tau \in (0, 1)$ 为结构突变点，$[\cdot]$ 表示取整数。其他变量的解释与式(6.1)基本相同。

为了考察网络媒体关注对雾霾污染的影响机制，我们在式(6.1)的基础上加入了网络媒体关注与正式环境规制的交互项，如下所示：

$$y_t = \alpha + \beta x_t + \lambda z_t + \delta x_t z_t + \boldsymbol{\rho Control}_t + \varepsilon_t \qquad (6.3)$$

式(6.3)中,z 表示正式环境规制,用环境保护立法($admin$)和环境污染监管($super$)两个指标表示。其中,第一个指标用北京市生态环境局是否发布与大气污染治理相关的权威文件度量,若发布则为 1,否则为 0[①]。第二个指标用本研究时段内北京市生态环境局每天发布的违反《北京市大气污染防治条例》的行政处罚决定书数量表示[②]。需要补充的是,在后文实证过程中我们还考察了微博原创量和转发量的交互项,其基本模型与式(6.3)相似,在此不再赘述。

除传统的线性协整分析方法,我们还采用门限协整回归进一步考察变量间的非线性关系,其一般形式可表示为:

$$y_t = (\alpha_1 + \beta_1 x_t + \boldsymbol{\rho_1} \boldsymbol{Control}_t) I(m \leqslant \eta_0)$$
$$+ (\alpha_1 + \beta_1 x_t + \boldsymbol{\rho_1} \boldsymbol{Control}_t) I(m > \eta_0) + \varepsilon_t \tag{6.4}$$

式(6.4)中,m 为门限变量,η_0 为门限值,具体由模型在估计时确定,$I(\cdot)$ 为指示变量,当括号中的条件成立时,取值为 1,否则为 0。其他变量的解释与式(6.1)基本相同。

二、数据说明

本研究使用的北京市 $PM_{2.5}$ 日均浓度值来自美国驻中国大使馆公布的数据。自 2008 年起,美国驻中国大使(领事)馆开始陆续监测并公布北京、上海、沈阳、广州等城市的小时 $PM_{2.5}$ 浓度值。我们搜集整理了其公布的 2008 年 4 月 8 日至 2015 年 12

---

① 需要说明的是,我们仅收集了与大气污染治理相关的权威文件,对于诸如企业环保审批补办、辐射工作人员培训、表彰大会之类的信息,没有包括在内。
② 网上获取的行政处罚文书的最早时间为 2011 年 11 月 9 日。

月 31 日北京小时 $PM_{2.5}$ 浓度数据。同时，为与微博数据相匹配，我们将其转化为日均值。从理论上讲，中国官方公布的城市空气质量监测数据来自各城市多个监测点汇总后的平均数据，覆盖面更广，因而也更准确，而美国驻中国大使馆公布的 $PM_{2.5}$ 浓度数据属于点源数据，仅反映了大使馆附近的空气污染情况，因而可能不足以反映北京市雾霾污染的整体状况。然而，中国 2012 年才开始将 $PM_{2.5}$ 浓度数据纳入环境污染监测范围，而且直到 2014 年 1 月，原环境保护部（现生态环境部）官方网站才开始公布各城市日度 AQI 指标，官方统计数据的缺失限制了学界对雾霾污染相关问题的深入研究。Liang et al.(2015)将美国驻中国大使馆公布的北京市 2014 年 5 月至 12 月的 $PM_{2.5}$ 浓度数据与全国农业展览馆、东四环北路的同期监测数据进行对比，结果发现三者高度一致。此外，考虑到大气环流和大气化学等自然因素，以及产业转移、区域经济协同发展等经济因素的影响，雾霾污染通常具有很强的空间外溢性（邵帅等，2016），所以我们有理由相信美国驻中国大使馆附近的雾霾污染浓度与北京市主体区域内的雾霾污染浓度差距不大。最终，基于数据可得性和代表性的综合考虑，我们认为美国驻中国大使馆公布的数据能够反映北京市雾霾污染的变化情况而适用于本研究。

对于网络媒体关注指标的构造，我们以新浪微博为载体，采用 Python 工具，以"雾霾""$PM_{2.5}$""PM_{10}""空（大）气质量""空（大）气污染"为关键词进行搜索，最终得到北京市微博用户以及大 V 用户对雾霾污染相关词条的原创量和转发量。考察的时间跨度为 2011 年 6 月 20 日至 2015 年 10 月 22 日。自 2009 年 8 月开始运行后，新浪微博便呈现出迅猛发展的趋势。2010 年

6月,新浪微博的用户量已达到6 311万人;2011年2月底,其注册用户数突破了1亿;截至2012年底,新浪微博注册用户已超过5亿,日活跃用户数达到4 620万,每日用户发博量超过1亿条。考虑到北京市信息化建设水平位于全国前列,在用户宣传和推广方面具有一定的优势,而且新浪微博总部位于北京,我们推断北京市在2011年底前就已处于微博用户注册和使用的稳定阶段,因此我们选择2011年6月作为研究样本时间的起点。参考石庆玲等(2016),我们从"2345"天气网搜集得到北京市日度气象数据,如最低气温、最高气温、降水、风力级别等。

表6.1报告了各变量的定性分析结果,表6.2报告了2011年6月20日至2015年10月22日各变量的描述性统计结果。从表6.2中可以看出,北京市$PM_{2.5}$浓度日均值为94 $\mu g/m^3$,超过了适宜人类生存的限值(75 $\mu g/m^3$)。微博用户关于雾霾污染的词条的原创量是转发量的2.6倍,大V用户的原创量与转发量之比更高,达到3.28。此外,大V用户的原创量约占所有微博用户原创量的17.4%。在气象数据方面,北京市的日平均最高气温和最低气温分别为19℃和9℃,且大部分情况下北京市风力等级不高于3级,其降水发生的概率也较低,为21.4%。

表6.1　网络媒体关注与雾霾污染相关变量的定性描述

符　号	定　义	度量指标或说明	单　位	预期符号
pm	雾霾污染	北京市$PM_{2.5}$日均浓度	$\mu g/m^3$	Na
orig	原创量	微博用户关于雾霾污染词条的日原创数量	条	—

续　表

符　号	定　义	度量指标或说明	单　位	预期符号
forw	转发量	微博用户关于雾霾污染词条的日转发数量	条	—
vorig	大 V 原创量	大 V 用户关于雾霾污染词条的日原创数量	条	—
vforw	大 V 转发量	大 V 用户关于雾霾污染词条的日转发数量	条	—
admin	环境行政规制	是否发布与大气污染治理相关的权威文件	无	—
super	环境污染监管	生态环境局每天发布的违反《北京市大气污染防治条例》的行政处罚决定书数量	个	—
temp_h	高温	日最高气温	℃	—
temp_l	低温	日最低气温	℃	+
rain	降水	若发生降水，取值为 1；否则为 0	无	—
wind	风力	若为三级以下风力，取值为 1；否则为 0	无	+
restday	是否休息日	若为休息日，取值为 1；否则为 0	无	不确定

表 6.2　网络媒体关注与雾霾污染相关变量的描述性统计结果

变　量	样本量	均　值	标准差	最小值	最大值
pm	1 586	94.002	75.145	2.917	568.565
orig	1 586	1 927.870	2 854.583	0.000	35 902.000
forw	1 586	745.521	1 683.198	0.000	22 730.000

169

续　表

变　量	样本量	均　值	标准差	最小值	最大值
vorig	1 586	336.156	462.876	0.000	5 575.000
vforw	1 586	102.459	223.729	0.000	2 894.000
admin	1 586	0.153	0.360	0.000	1.000
super	1 444	0.395	1.297	0.000	15.000
temp_h	1 586	19.259	11.289	−6.000	40.000
temp_l	1 586	9.226	10.973	−15.000	26.000
wind	1 586	0.904	0.295	0.000	1.000
rain	1 586	0.214	0.411	0.000	1.000
restday	1 586	0.313	0.464	0.000	1.000

第三节　统 计 观 察

　　在进行回归分析前,我们首先对兴趣变量的演化特征进行统计观察和描述,从而为回归分析提供一些特征性事实依据。图 6.1 展示了研究时段内北京市 $PM_{2.5}$ 日均浓度的变化趋势。可以看出,北京市雾霾污染呈现出明显的波动性。总体来看,每年的 9 月至 12 月或次年 1 月 $PM_{2.5}$ 浓度呈现出上升趋势,其他时段雾霾污染水平呈下降趋势,下半年的雾霾污染程度明显高于上半年。2013 年 1 月 12 日北京市 $PM_{2.5}$ 浓度达到了 568.565 $\mu g/m^3$ 的历史最高值。此外,2012 年 1 月 19 日,

2014年1月16日和2月25日这几日的$PM_{2.5}$浓度也非常高，具体数值见图6.1标注。容易看出，北京市雾霾污染具有显著的季节性差异，冬季(11月至次年1月)是雾霾污染最严重的季节，而夏季(6月至9月)则是雾霾污染最轻的季节。

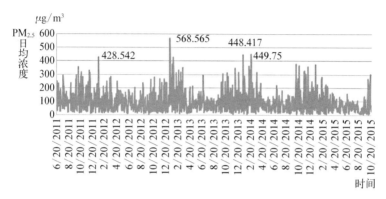

图6.1　北京市$PM_{2.5}$日均浓度的走势(2011年6月20日至2015年10月22日)

根据《环境空气质量标准》(GB3095—2012)，按照$PM_{2.5}$浓度的日均值大小，中国将$PM_{2.5}$日均浓度小于等于35 $\mu g/m^3$的区域设定为环境空气功能区的一类区，包括自然保护区、风景名胜区和其他特殊保护的区域，将$PM_{2.5}$日均浓度大于35 $\mu g/m^3$且小于等于75 $\mu g/m^3$的区域设定为环境空气功能区的二类区，包括居住区、商业交通居民混合区、文化区、工业区和农村地区。同时Liang et al.(2015)认为，若$PM_{2.5}$日均浓度超过150 $\mu g/m^3$，则该地区雾霾污染将非常严重。综合上述观点，我们将35 $\mu g/m^3$、75 $\mu g/m^3$、150 $\mu g/m^3$这三个值作为划分日度雾霾污染等级的临界值。具体来讲，若$PM_{2.5}$日均浓度$\leqslant$35 $\mu g/m^3$，则属于轻微雾霾污染(等级Ⅰ)；若$PM_{2.5}$日均浓度

在 $35\ \mu g/m^3$—$75\ \mu g/m^3$，则属于中度雾霾污染（等级Ⅱ）；若 $PM_{2.5}$ 日均浓度在 $75\ \mu g/m^3$—$150\ \mu g/m^3$ 或大于 $150\ \mu g/m^3$，则属于较重或重度雾霾污染（等级Ⅲ或Ⅳ）。表 6.3 汇报了各年北京市上述四种级别雾霾污染出现的天数及对应的 $PM_{2.5}$ 日均浓度值。可以看出，2012—2014 年，北京市等级Ⅰ和等级Ⅱ雾霾污染的浓度值均变化不大；等级Ⅲ雾霾污染天数略微下降，但其 $PM_{2.5}$ 浓度值较为稳定；等级Ⅳ雾霾污染天数总体上有小幅减少，但 $PM_{2.5}$ 浓度值却逐年增加。以上分析表明北京市雾霾污染的变差增大，即雾霾污染的波动性有所增加，但雾霾污染并未得到实质性改善。

**表 6.3　北京市不同等级雾霾污染的天数
及其 $PM_{2.5}$ 浓度日均值**

划分依据	污染等级	2012 年		2013 年		2014 年	
		天数	浓度值	天数	浓度值	天数	浓度值
$PM_{2.5}\leqslant35$	Ⅰ	89	22.069	63	22.952	79	22.415
$35<PM_{2.5}\leqslant75$	Ⅱ	87	55.696	117	56.227	105	55.986
$75<PM_{2.5}\leqslant150$	Ⅲ	122	106.967	113	106.209	116	107.872
$PM_{2.5}>150$	Ⅳ	68	201.555	72	237.187	65	239.209

注：由于 2011 年和 2015 年的数据并非全年数据，与其他年份数据不具可比性，因而未列出。图 6.2 和图 6.4 的处理方式与之相同。表中 $PM_{2.5}$ 浓度值的单位为 $\mu g/m^3$。

为进一步分析北京市 $PM_{2.5}$ 浓度变化的规律性，我们考察了雾霾污染是否具有季节效应和休息日效应。由图 6.2(a) 可以看出，夏季是北京市雾霾污染浓度最低的季节，而冬季 $PM_{2.5}$ 浓度均值远高于其他季节，是雾霾污染最严重的季节。以 2013 年为例,冬季 $PM_{2.5}$ 浓度均值分别是春季、夏季和秋季的 1.75 倍、1.96 倍和 1.49 倍。从时间演变趋势来看,春季雾霾污染程度变化不大,夏季虽然呈现出逐年下降趋势,但被秋季逐年增加的部分所抵消,而冬季雾霾污染程度在 2013 年达到最大值后于 2014 年有所下降,但仍然维持在 127.66 $\mu g/m^3$ 的高位。

图 6.2(b)反映了 2012—2014 年 $PM_{2.5}$ 浓度在休息日与工作日之间的差异。可以看出,2012 年和 2014 年工作日和休息日的 $PM_{2.5}$ 浓度差异不大,而 2013 年,休息日的 $PM_{2.5}$ 浓度明显高于工作日。如 Tan et al.(2009)所言,假日效应涉及人和车的流动,间接体现了人类活动对大气质量的影响。我们认为,2013 年休息日雾霾污染浓度偏高的原因主要有三个:(1)节假日特别是春节燃放了更多的烟花爆竹,爆竹燃放会释放 SO_2、NO_2 等有害气体,加剧雾霾污染并恶化大气质量(Wang et al.,2007)。2013 年雾霾污染事件爆发后,爆竹燃放受到了更多的管控。(2)周末及节假日私家车更多的使用导致汽车尾气排放增加也是导致雾霾污染加剧的原因之一(Tan et al.,2009)。(3)工业企业为维持工业设备的正常运转,减少闲置损失,并不

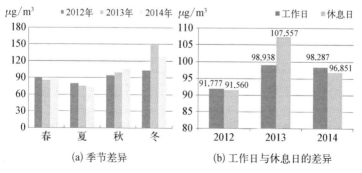

(a) 季节差异 (b) 工作日与休息日的差异

图 6.2 北京市雾霾污染的时间差异

会在周末减缓生产活动,因而工业过程产生的污染源排放在周末不会相应减少,这也是雾霾污染在休息日不降反升的原因之一。

我们还有必要对微博用户的雾霾污染关注度进行一些统计观察分析。如图6.3所示,微博用户关于雾霾污染词条的原创量的走势与雾霾污染的变化趋势表现出较为明显的同步性(见图6.1),呈现出显著的波动性特征,其中2011年12月、2013年1月、2014年2月、2014年10月四个时段的相关原创量最高。从图6.4展示的微博用户关于雾霾污染词条的原创量的季节性分布可以看出,冬季的微博雾霾污染关注度最高,其次是秋季,关注度最低的是夏季,这与图6.2(a)所示的雾霾污染的季节性变化趋势也保持一致。上述统计观察结果初步表明,微博在反映和传播环境信息方面具有较高的效率和很强的即时性,网络媒体在污染信息传播中的舆论影响力可能会形成一股非正式环境规制力量,但其对于雾霾污染的治理而言是否有效,我们还需通过进一步的计量分析来加以识别。

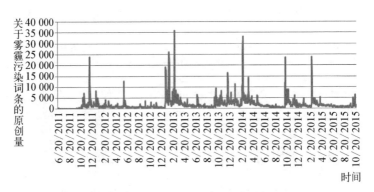

图6.3 北京市微博用户关于雾霾污染词条的原创量走势
(2011年6月20日至2015年10月22日)

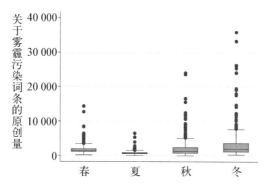

图 6.4 北京市微博用户关于雾霾污染
词条的原创量的季节差异

第四节 实 证 结 果

一、平稳性检验

我们采用北京市 2011 年 6 月 20 日至 2015 年 10 月 22 日日度时序数据,考察微博雾霾关注对雾霾污染的反映程度,以及微博雾霾关注所引发的网络舆论压力对雾霾治理的影响。在实证分析前,为了防止时间序列数据可能出现的伪回归问题,必须进行平稳性检验,这一过程通常借助单位根检验完成。常用的单位根检验方法有 ADF 检验、DF-GLS 检验、PP 检验和 KPSS 检验,其中,前三种检验的原假设 H_0 为变量存在单位根,KPSS 的原假设则正好相反(Wooldridge,2016)。引入 KPSS 检验有助于从相反的原假设角度对变量的平稳性进行判断,几种检验方法相互验证,从而有助于减少犯两类错误的概率。表 6.4 和

表 6.5 分别反映了本处的核心变量(对数形式)水平项和一阶差分项的单位根检验结果,两表中第(1)列报告了不含趋势项的检验值,第(2)列报告了含有趋势项的检验值。

表 6.4　核心变量的单位根检验结果(水平项)

变量	ADF 检验		DF-GLS 检验		PP 检验		KPSS 检验	
	(1)	(2)	(1)	(2)	(1)	(2)	(1)	(2)
$\ln pm$	−22.787***	−23.150***	−6.695***	−7.291***	−21.906***	−22.119***	1.310***	0.225***
$\ln orig$	−10.271***	−10.482***	−4.042***	−4.088***	−9.080***	−9.774***	3.590***	1.270***
$\ln forw$	−3.109**	−3.963***	−1.570	−2.130	−2.285*	−3.001	9.610***	1.620***

注:*、**、***分别表示 10%、5%、1%的显著性水平,以下表格同;DF-GLS 检验的过程是,首先计算最大滞后项数再进行 DF-GLS 检验,若最大滞后项的系数不显著则逐步降低滞后项数值并进行 ADF 检验,直至最后一阶滞后项满足 5%的显著性水平。

表 6.5　核心变量的单位根检验结果(一阶差分项)

变量	ADF 检验		DF-GLS 检验		PP 检验		KPSS 检验	
	(1)	(2)	(1)	(2)	(1)	(2)	(1)	(2)
$D.\ln pm$	−45.321***	−45.307***	−13.442***	−13.437***	−58.944***	−58.916***	0.009	0.009
$D.\ln orig$	−43.533***	−43.520***	−10.624***	−10.651***	−49.841***	−49.826***	0.037	0.011
$D.\ln forw$	−41.447***	−41.434***	−11.715***	−11.712***	−44.170***	−44.153***	0.066	0.067

从表 6.4 可以看出,雾霾污染($\ln pm$)和微博原创行为($\ln orig$)的 ADF 检验、DF-GLS 检验和 PP 检验对应的 Z 检验统计量的值均小于 1%的显著性水平的临界值,这表明应该拒绝"存在单位根"的原假设。然而,根据 KPSS 检验,若不考虑时间趋势项,其检验统计量的最小值均显著大于 1%水平的临界

值 0.739,若考虑时间趋势项,其检验统计量的最小值也大于
1%水平的值 0.216,这意味着我们可在 1%的水平上拒绝"平稳
序列"的原假设。总之,对比前三项检验和 KPSS 检验,我们无
法支持雾霾污染和微博原创行为是平稳时间序列的原假设。同
理,对微博转发行为($\ln forw$)进行单位根检验,尽管 ADF 检验
统计量满足 5%的显著性水平,但 DF-GLS 检验、PP 检验均不
满足 5%的显著性水平,KPSS 检验满足 1%的显著性水平,这
表明,微博转发行为存在单位根。以上检验表明,三个兴趣变量
的水平值均不是平稳时间序列。需要说明的是,图 6.2 反映了
雾霾污染的季节性变化规律和休息日效应,这从侧面说明雾霾
污染具有非平稳特征,本部分内容对此进行了进一步检验。与
此同时,我们对三个变量的一阶差分项进行了检验,如表 6.5 所
示,结果表明,不论采用哪种检验方法,变量的一阶差分均是平
稳的。三个变量的水平值均不平稳和一阶差分均平稳的特点说
明这三个变量是典型的一阶单整时间序列,即 I(1)过程,各变
量之间可能存在协整关系。

二、网络媒体关注与雾霾污染的协整分析

协整分析是检验非平稳经济变量之间数量关系的重要工具
之一。一方面,该方法可以直接对原序列进行回归而不需要差分,
从而保留原始变量的经济含义;另一方面,能够检验时间序列变
量之间由于某种经济力量而存在的长期均衡关系(Greene,2003)。
不过,协整分析前必须进行 Johansen 协整检验以确定协整关系确
实存在。表 6.6 第(1)列报告了雾霾污染与微博原创关系的协整
检验结果,第(2)列报告了雾霾污染与微博转发关系的协整检验

结果,第(3)列报告了雾霾污染、原创行为、转发行为以及原创和转发交互影响的协整检验结果。表6.6协整检验的结果表明,存在一个线性无关的协整向量(见表中标 * 号处),协整关系基本确定。

表 6.6　网络媒体关注与雾霾污染关系的 Johansen 协整检验结果[1]

协整个数	(1)		(2)		(3)	
	迹统计值	5%临界值	迹统计值	5%临界值	迹统计值	5%临界值
0	28.029	12.530	65.734	15.410	73.110	39.890
1	0.067*	3.840	2.191*	3.760	21.134*	24.310
2					2.501	12.530
3					0.034	3.840

　　表6.7报告了雾霾污染与微博原创行为、转发行为以及原创与转发交互影响的协整分析结果,分别如第(1)、(2)、(3)列所示。该表上半部分协整方程报告了雾霾污染与核心解释变量的长期均衡关系,其系数估计值及显著程度是我们的兴趣所在。表6.7下半部分为向量误差修正模型,可用于考察变量之间的短期关系。极大似然估计值表明模型拟合程度较高,LM 检验均不满足 10% 的显著性水平,表明残差之间不存在一阶自相关。总体而言,实证模型的效果较好。

　　表6.7第(1)列说明微博原创行为的协整系数在 5% 的水平上显著为正,表明微博原创行为与雾霾污染之间存在正向长期均衡关系,新浪微博关于雾霾污染词条的原创量每增加1个百分点,

---

[1] 协整检验还提供了特征值检验统计量,限于篇幅在此并未列出。

表 6.7　协整分析的基本结果

	(1)		(2)		(3)	
协整方程						
Y：ln*pm*	系数	标准误	系数	标准误	系数	标准误
ln*orig*	0.097**	0.042			−0.119*	0.070
ln*forw*			0.006	0.008	−0.308***	0.087
ln*orig* * ln*forw*					0.044***	0.012
cons	3.152	—	3.897	—	3.641	
向量误差修正模型（Y：Δln*pm*）						
误差修正项系数	−0.431***	0.054	−0.464***	0.053	−0.440***	0.053
temp_h	−0.037***	0.007	−0.036***	0.007	−0.038***	0.007
temp_l	0.035***	0.007	0.032***	0.007	0.036***	0.007
rain	0.096 **	0.048	0.101**	0.048	0.093*	0.048
wind	0.571***	0.061	0.590***	0.061	0.581***	0.061
restday	−0.017	0.039	0.008	0.038	−0.025	0.040
cons	0.024	0.099	−0.027	0.098	0.464***	0.129
LM test（p）	0.644 (0.958)		5.284 (0.259)		21.780 (0.150)	
Log Likelihood	−2 587.085		−3 236.272		−7 973.183	
N	1 572		1 571		1 572	

注：协整分析的滞后阶数根据对数自然比函数（LL）、似然比检验（LR）、前期均方误差（FPE）、SBIC 准则、HQIC 准则、SBIC 准则等按照大多数原则确定。表 6.7 第（1）列的滞后阶数为 13，第（2）列和第（3）列的滞后阶数分别为 15 和 14。限于篇幅，且考虑到 VECM 模型中核心（被）解释变量的滞后项和差分项并不是我们关注的重点，在此并未列出。

PM$_{2.5}$浓度将增加 0.097 个百分点。该结论意味着：（1）微博用户尽管可以通过网络平台创立和传播空气质量信息，但从正向相关关系来看，单纯的原创指标尚不能构成一种非正式环境规制手段，网络媒体关注的减霾效应还没有发挥出来。（2）原创行为与雾霾污染程度息息相关，这表明微博用户在反映和传播空气质量信息方面具有很强的即时性。第（2）列协整方程中微博转发行为的系数为正值，但并不显著，表明微博转发与雾霾污染之间并不存在显著的长期均衡关系。

第（3）列进一步考察了微博原创和转发交互作用对雾霾污染的影响。与第（1）、（2）列的结果不同，在考虑交互影响后，微博原创和转发的系数转变为负值且满足 10% 的显著性水平，这表明微博原创和转发均与雾霾污染存在负向长期均衡关系。微博原创与转发的交互项显著为正，表明随着原创量的增加，转发对雾霾污染的弹性也在增加。当原创量低于 1 096.63 时，转发的增加有助于缓解雾霾污染，但是随着原创量的增加，转发便不再具有减霾效应。显然，在考虑原创与转发的交互影响后，我们得到了令人欣慰的结论，以微博原创和转发行为表征的网络媒体关注已经产生了非正式环境规制的效果，尽管减霾效果具有一定的条件性。随着中国空气质量问题的日益显现，以及信息技术水平、网络普及率和公共信息透明度的不断提升，公众通过网络媒体可以更方便地了解和传播空气污染相关信息，从而发挥强大的舆论功效。

上文通过协整分析考察了变量间的长期均衡关系，作为补充，我们将通过向量误差修正模型（VECM）进一步考察变量间的短期关系，如表 6.7 下半部分所示。第（1）—（3）列误差修正项的系数均为负值,且满足 1% 的显著性水平,这表明序列之间不存在发散关系,雾霾污染与微博原创或转发的均衡关系在长期内会自动实现。当第 t 期雾霾污染水平偏离长期均衡状态时,协整关系的存在会将非均衡状态拉回到均衡状态,以第(3)列为例,到 $t+1$ 期,这种偏离被修正约 44.0%。

最后,就其他自然因素对雾霾污染的影响我们发现,日最高气温、最低气温、降水、风力都对雾霾污染存在显著的影响,而是否休息日的影响并不显著。日最高(低)气温对雾霾污染差分项的影响为负(正),表明温度越高雾霾污染的变差越小,而低温很容易加剧雾霾污染的变差。该结论与描述性部分冬季雾霾污染浓度较重,且波动较大的观点基本一致,也与石庆玲等(2016)认为的“最高气温能显著降低 $PM_{2.5}$ 浓度,而最低气温则显著加剧雾霾污染程度”的观点基本吻合。是否降水与雾霾污染变差存在显著的正向关系,也就是说,若发生降水天气,雾霾污染的波动将会增大。一般而言,降水有利于污染物沉降和空气质量的改善(Liang et al.,2015),这便导致降水前后空气质量的较大波动。风力与 $PM_{2.5}$ 波动存在显著的正相关关系,即若为三级以上风力,雾霾污染的波动较小,这一结论与大风天气较低的雾霾水平值密切相关。一般而言,风力越小,雾霾污染越严重(Liang et al.,2015)。我们用本章数据对此进行验证,三级及以上风力下,$PM_{2.5}$ 年均浓度为 64.864,远低于三级以下风力条件下 97.113 的浓度值,因此,北京治霾过程中经常出现“等风来”的有趣现象。是否休息日这一哑变量并不满足 10% 的显著性水平,表明休息日和工作日的雾霾污染程度在统计上并不存在显著差异,这与前文的统计观察结果基本一致。

三、特殊群体大 V 用户的考察

与 Twitter 的认证账户类似,新浪微博也具有实名认证的功能。新浪微博将那些实名注册并开通账号的名人、媒体工作者、政府单位、媒体平台、企业公司或民间组织等,统称为大 V 用户。大 V 用户的微博功能和普通用户是相同的,不过,与普通用户相比,大 V 用户的知名度更高,舆论影响更大。大 V 用户的舆论影响力主要依托于其庞大的粉丝数量。比如,2019 年初,公众环境研究中心主任马军拥有 111 万粉丝,中国最高级别的环境保护机构——生态环境部官方微博的粉丝数量为 144 万。大 V 用户的舆论影响力主要体现在两个方面:一方面,大 V 用户很容易关注和参与舆情形成、发酵和传播的过程,大 V 用户的环境参与不仅可以利用自身的舆论影响力提升公众对环境污染问题的关注度,形成舆论压力,而且还可以将先前不对称的信息传递给其他公众和相关机构,在一定程度消除环境信息不对称(Zhang, 2017),这种舆论监督作用将对企业污染排放行为和政府环境规制行为产生重要影响;另一方面,政府部门的规制作用同样重要,这主要是由于政府部门本身就是重要的大 V 用户,能够直接参与舆论信息的传播过程,面对公众在网络媒体上的环境诉求,政府部门通常不会熟视无睹,而可能会在网络舆情的"倒逼"下加强企业污染排放监督,提高环境规制程度,从而促进污染减排(Wang 和 Di, 2002; Cole et al., 2005)。由此可见,对网络媒体关注减霾效应的分析不仅要考虑网络媒体的类别,还要注意某一网络媒体中用户类别的特殊性。那么,相对于其他普通用户,大 V 用户对雾霾污染的关注所产生的舆论影响力如何？大 V 用户的网络行为是否对雾霾污染存在更大程度的影响呢？本节我们将围绕这一问题进行探讨。我们采用大 V 用户关于雾霾污染词条的原创量（lnvorig）和转发量（lnvforw）（对数形式）度量大 V 用户的网络媒体关注度，进而采用协整分析法考察大 V 用户群体网络舆论压力的减霾效应。表 6.8 对相关变量进行了单位根检验，结果得到大 V 用户原创和转发行为均是一阶单整的非平稳时间序列，满足协整分析的前提条件。

表 6.8 大 V 用户相关变量单位根检验

变 量	ADF 检验		DF-GLS 检验		PP 检验		KPSS 检验	
	(1)	(2)	(1)	(2)	(1)	(2)	(1)	(2)
lnvorig	−10.974***	−12.125***	−3.911***	−4.191***	−9.769***	−11.173***	2.050***	0.453***
lnvforw	−4.082***	−5.226***	−1.637	−2.238	−2.676*	−3.631**	3.360***	0.583***
D.lnvorig	−41.089***	−41.078***	−11.036***	−11.050***	−47.881***	−47.866***	0.037	0.011
D.lnvforw	−49.281***	−49.265***	−9.196***	−9.194***	−56.897***	−56.875***	0.059	0.059

表 6.9 报告了大 V 用户原创、转发及原创与转发交互作用影响雾霾污染的协整分析结果，分别如第（1）—（3）列所示。在协整分析前，为了防止伪回归问题的出现，我们进行了 Johansen 协整检验，具体见表 6.10，该表检验结果与表 6.9 各列一一对应。从 Johansen 协整检验可以看出，各列变量均存在一个线性无关的协整向量，故而可以进行协整分析。下面重点分析表 6.9 第（3）列考虑大 V 用户原创与转发交互影响的协整分析结果。原创的系数尽管为负，但并不显著，转发的系数在 1% 的水平显

著为负。这意味着,大 V 用户转发行为的减霾效应高于原创行为,这与所有用户原创和转发行为都具有减霾效应的结论有所不同。我们认为可能的原因是,大 V 用户由个人、企业、行政组织、媒体等组成,他们比普通用户拥有更多的粉丝和更高的关注度,其转发行为更易引起舆论蔓延(Zhang,2017)。原创与转发的交互项显著为正,当大 V 原创量低于 179.55 时,转发对雾霾污染的弹性为负值,即大 V 转发对雾霾污染具有缓解作用。然而随着原创数量的增加,大 V 用户转发行为便不再具有减霾效应,这意味着网络媒体关注的减霾效应具有一定的条件性,当雾霾肆虐时,雾霾治理还需要政府推行强有力的环境规制措施。

表 6.9 大 V 用户网络舆论压力与雾霾关系的协整分析

	(1)		(2)		(3)	
协整方程						
Y:$\ln pm$	系数	标准误	系数	标准误	系数	标准误
$\ln vorig$	0.096***	0.037			−0.041	0.062
$\ln vforw$			0.008	0.010	−0.218***	0.079
$\ln vorig * \ln vforw$					0.042***	0.015
$cons$	3.307		3.917		3.367	
向量误差修正模型(Y:$\Delta\ln pm$)						
误差修正项系数	−0.468***	0.045	−0.464***	0.053	−0.436***	0.055
$temp\_h$	−0.036***	0.007	−0.036***	0.007	−0.036***	0.007
$temp\_l$	0.034***	0.007	0.032***	0.007	0.034***	0.007
$rain$	0.103**	0.048	0.101**	0.048	0.107**	0.049

续　表

	(1)		(2)		(3)	
向量误差修正模型（Y：$\Delta \ln pm$）						
wind	0.581***	0.061	0.591***	0.061	0.577***	0.061
restday	−0.029	0.042	0.012	0.039	−0.038	0.045
cons	0.035	0.098	−0.036	0.098	0.288**	0.118
LM test（p）	8.952 （0.062）		5.411 （0.248）		5.949 （0.989）	
Log Likelihood	−2 611.626		−3 217.983		−7 799.132	
N	1 577		1 571		1 571	

表 6.10　大 V 用户 Johansen 协整检验结果

协整个数	(1)		(2)		(3)	
	迹统计值	5%临界值	迹统计值	5%临界值	迹统计值	5%临界值
0	42.047	12.530	65.566	15.410	66.708	39.890
1	0.2446*	3.840	2.294*	3.760	21.315*	24.310
2					2.325	12.530
3					0.089	3.840

四、网络媒体关注对雾霾污染影响的变结构协整分析

上文通过协整分析考察了微博用户包括大 V 用户网络媒体关注所引致的减霾效应及其作用机制。与此同时，检验特殊时点前后空气质量是否存在结构性变化也是现有研究关注的重要问题。张生玲和李跃（2016）选取 2009—2013 年中国

270 个地级及以上城市的面板数据,采用倾向得分匹配双重差分(PSM-DID)法检验雾霾污染舆论爆发前后工业废气排放的差异,结果表明发达地区存在舆论政策效应,而资源性城市倾向于舆论漠视。Chen et al.(2013)、Liang et al.(2015)以及石庆玲等(2016)重点考察了重大节事期间的空气质量状况,发现短期空气质量改善但节事后空气污染反弹的"奥运蓝""APEC 蓝""两会蓝"现象。由此可见,考察网络媒体关注对空气质量的影响也需要考虑研究时段的异质性。鉴于常规的协整分析方法难以度量长期稳定均衡关系下的结构变动问题,参考 Gregory 和 Hansen(1996),我们采用变结构协整分析方法进一步考察网络媒体关注对雾霾污染影响的时段异质性。考虑到图 6.1 没有直观地体现出明显的趋势变动特征,而且我们更关注的是网络媒体关注减霾效应的变动,即网络媒体关注系数的大小,因而,我们重点考察了斜率突变协整模型。

我们首先进行 Gregory-Hansen 变结构协整检验,并找出突变时间,如表 6.11 所示。该表分别对全部用户和大 V 用户的原创、转发的减霾效应进行了突变协整检验。可以看出,ADF、Zt、Za 这几个检验统计量的值均低于 5% 的临界值。对于全部微博用户来讲,原创与雾霾关系的突变时间在 ADF 检验下是 2013年 1 与 10 日,在 Zt 和 Za 检验下其突变时间是 2012 年 10 月4 日,根据多数原则,我们最终选择 2012 年 10 月 4 日这个突变时间;同理,转发与雾霾污染关系的突变时间我们最终选择2012 年 11 月 24 日,该天 $PM_{2.5}$ 浓度创 159.667 $\mu g/m^3$ 新高,然而,当日微博大气污染词条的原创量和转发量相对较低,原创量为 896 条,转发量为 0,但第二天原创量则出现了爆炸式增长,高达 2 713 条。与之类似，我们得到大 V 用户原创和转发与雾霾污染关系的突变时间分别是 2012 年 12 月 17 日和 11 月 24日。上述四个突变时间大部分发生在 2012 年底，此时期我国举行了第十八次全国人民代表大会，生态文明建设被提升到与经济建设、政治建设、文化建设、社会建设五位一体的战略高度。我们认为，中国政府对大气污染防治工作的重视是导致此段时间成为突变时间的重要原因。

表 6.11 结构突变协整检验结果

统计量	所有用户原创行为			所有用户转发行为		
	检验统计值	5%临界值	突变时间	检验统计值	5%临界值	突变时间
ADF	−24.090	−5.470	2013 - 01 - 10	−24.120	−5.470	2012 - 12 - 19
Zt	−24.080	−5.470	2012 - 10 - 04	−24.150	−5.470	2012 - 11 - 24
Za	−841.570	−57.170	2012 - 10 - 04	−843.860	−57.170	2012 - 11 - 24
统计量	大 V 原创行为			大 V 转发行为		
	检验统计值	5%临界值	突变时间	检验统计值	5%临界值	突变时间
ADF	−18.450	−5.470	2012 - 06 - 29	−24.110	−5.470	2012 - 11 - 23
Zt	−20.690	−5.470	2012 - 12 - 17	−24.360	−5.470	2012 - 11 - 24
Za	−614.010	−57.170	2012 - 12 - 17	−854.860	−57.170	2012 - 11 - 24

进一步，我们以结构突变时间构造虚拟变量，若在突变时间以后，则设为 1，否则为 0，上述四个突变时间对应的虚拟变量分别用 dum_1、dum_2、dum_3 和 dum_4 表示。在此基础上，我们重点考察了网络媒体关注与对应的结构突变时间交互项的系数符号

和显著程度以反映突变时间前后网络媒体关注影响雾霾污染程度的差异,如表 6.12 所示。该表第(1)、(2)列和第(3)、(4)列分别报告了全部用户和大 V 的结构突变协整检验结果。以第(1)列为例,我们在表 6.12 中第(1)列的基础上,加入突变时间(2012年 10 月 4 日)dum_1 哑变量和微博原创行为的交互项,以及突变时间与微博原创和转发乘积的交互项,结果得到,在突变时间后,微博原创的系数由 -0.041 变为 -0.076,原创和转发交互项的系数由 0.055 降为 0.047。表 6.12 第(1)列结构突变检验的结果表明:第一,若不考虑转发行为的影响,原创对雾霾污染弹性的绝对值有增加的趋势,也就是说,在突变时间以后,原创所体现的舆论压力具有更强的减霾效应;第二,原创减霾作用的发挥尽管依赖转发行为,但经过计算得到,只有当转发量低于 2.107(突变时间前)或 5.038(突变时间后)时微博原创才有利于缓解雾霾污染,而符合上述条件的样本非常少,也就是说,不论在突变时间前后,微博原创行为均难以起到非正式环境规制的效果。从表 6.12 第(2)列可以看出,突变时间前微博转发对雾霾污染的弹性为 -0.007,突变时间以后变为 -0.019 ,这表明,在突变时间以后,转发对雾霾污染的抑制效应增强。大 V 用户微博原创和转发对雾霾污染影响的结构突变结果展示了与全部用户相同的规律:大 V 用户原创行为的减霾效应有限;转发行为的减霾效应在结构突变后有所增强,其对雾霾污染的弹性由 -0.034 变为 -0.177。总而言之,2012 年底是网络媒体关注影响雾霾污染程度的重要突变时间,在此之后,全部用户以及大 V 用户转发对雾霾污染的抑制效应增强;与转发相比,原创行为的减霾效应在结构突变行为前后均没有发挥出来。

表 6.12 结构突变协整方程基本结果

变 量	全部用户		变 量	大 V 用户	
	(1)	**(2)**		**(3)**	**(4)**
ln$orig$	-0.041 (0.051)	0.077 (0.052)	ln$vorig$	0.149*** (0.048)	0.045 (0.055)
ln$forw$	-0.339*** (0.049)	0.175** (0.077)	ln$vforw$	0.077 (0.056)	0.234*** (0.069)
ln$orig$ * dum_1	-0.035** (0.016)		ln$vorig$ * dum_3	-0.294*** (0.039)	
ln$forw$ * dum_2		-0.497*** (0.083)	ln$vforw$ * dum_4		-0.656*** (0.088)
ln$origl$ * ln$forw$	0.055*** (0.007)	-0.024* (0.012)	ln$vorigl$ * ln$forw$	-0.007 (0.012)	-0.046*** (0.016)
ln$orig$ * ln$forw$ * dum_1	-0.008** (0.004)		ln$vorig$ * ln$vforw$ * dum_3	0.047*** (0.012)	
ln$orig$ * ln$forw$ * dum_2		0.064*** (0.014)	ln$vorig$ * ln$vforw$ * dum_4		0.118*** (0.020)
$cons$	3.290	2.585	$cons$	2.343	2.596
误差修正项系数	-0.590*** (0.030)	-0.590*** (0.040)	误差修正项系数	-0.598*** (0.031)	-0.557*** (0.035)
Log likelihood	$-11\,715.90$	$-10\,267.19$	Log likelihood	$-10\,752.74$	$-10\,311.23$
N	1 583	1 581	N	1 583	1 582

注：限于篇幅，本表未报告 VECM 模型控制变量的回归结果。

五、网络媒体关注影响雾霾污染的机制分析

根据上述分析，不论是全部微博用户，还是大 V 用户，单纯

的原创行为或转发行为难以起到非正式环境规制的效果,在一定条件下原创和转发交互影响共同起到降低雾霾污染的作用。在此基础上,对网络媒体关注减霾效应的作用机制进行准确验证和深入分析则是本部分要解决的关键问题。我们认为,网络媒体关注通过政府强化环境规制行为达到空气质量改善的效果,即政府环境规制行为是网络媒体舆论压力影响雾霾污染的传导途径。基于数据的可得性,我们在进行传导机制协整检验时重点考察了行政命令型环境规制的传导作用①,具体用环境保护立法(*admin*)和环境污染监管(*super*)这两个指标度量,我们通过 Python 工具对这两个指标进行了有效抓取。

在报告协整检验结果前,我们先对政府环境规制行为的两个指标进行平稳性检验和 Johansen 协整检验,检验结果分别如表 6.13 和表 6.14 所示。表 6.13 单位根检验结果表明,环境保护立法和环境污染监管变量均不是平稳时间序列,而是一阶单整时间序列。表 6.14 第(1)—(4)列分别汇报了原创与环境保护

表 6.13　政府规制行为变量的单位根检验结果

变　量	ADF 检验		DF-GLS 检验		PP 检验		KPSS 检验	
	(1)	(2)	(1)	(2)	(1)	(2)	(1)	(2)
admin	−35.432***	−37.203***	−4.797***	−6.723***	−36.413***	−37.480***	3.390***	0.308***
super	−38.115***	−38.102***	−5.794***	−6.502***	−38.115***	−38.102***	0.443*	0.445***
D.admin	−68.266***	−68.245***	−12.926***	−15.402***	−116.493***	−116.447***	0.009	0.008
D.super	−63.858***	−63.836***	−15.593***	−15.590***	−114.060***	−114.010***	0.009	0.009

---

① 环境经济规制的城市日度数据难以获取,在此没有考虑该指标。

表 6.14　机制分析的协整检验结果

协整个数	(1)	(2)	(3)	(4)
	迹统计值	迹统计值	迹统计值	迹统计值
0	241.852	262.247	310.741	245.315
1	123.865	119.695	171.358	117.658
2	39.737	3.936*	60.923	5.239*
3	0.105*	0.805	0.256*	0.360

立法、转发与环境保护立法、原创与环境污染监管、转发与环境污染监管及相互关系的协整检验结果。可以看出，变量之间至少存在一个线性无关的协整向量，协整关系基本确定。

表 6.15 报告了网络媒体关注、政府环境规制以及雾霾污染的协整分析结果，极大似然检验和 LM 检验表明模型拟合效果较好，残差项在 1% 的显著性水平不存在自相关。该表第（1）—（2）列报告了环境保护立法（*admin*）的传导机制效应，第（3）—（4）列报告了环境污染监管（*super*）的传导机制效应。从（1）—（2）列可以看出，微博原创的系数在第（1）列显著为负，在第（2）列并不显著，环境保护立法的系数显著为负，两者交互项的系数显著为正。也就是说，若不考虑原创或转发，单纯的环保立法对雾霾污染具有促降作用，但若考虑交互项，原创或转发并没有通过环境法规建设起到缓解雾霾污染的作用。本研究认为导致该结论的可能原因是，环境立法在反映公众环境诉求方面具有一定的滞后性，在网络舆论压力加大的情况下，环境规制部门没有适时发布相应权威文件以加大环境治理力度。根据第（3）—（4）列的实证结果，原创和转发的系数显著为负，环境污染监管的系

数满足 1‰的显著性水平,两者交互项的系数显著为正。这意味着,原创或转发对雾霾污染的弹性与环境污染监管程度相关,当环境污染监管取均值时,这两个弹性值均为负值,表明环境污染监管在推动网络舆论压力的减霾效应方面发挥了积极作用。当微博原创或转发"漫天飞舞",个别污染企业处于风口浪尖,生态环境部门在强大的舆论压力面前不可能熟视无睹,必然会加大大气污染处罚力度,提升环境规制强度,环境污染监管成为影响网络舆论压力和雾霾污染关系的重要传导机制。除第(3)列外,表 6.15 中向量误差修正模型的修正项系数均显著为负,表明序列之间不存在发散关系。其他控制变量的符号和显著性水平与表 6.7 基本一致。

表 6.15 网络媒体雾霾关注度、政府环境规制与雾霾污染的协整分析结果

	(1)	(2)	(3)	(4)
ln*orig*	−0.158*** (0.048)		−9.574*** (1.416)	
ln*forw*		0.003 (0.011)		−0.033*** (0.013)
admin	−17.089*** (1.720)	−9.712*** (0.852)		
super			−190.916*** (14.462)	0.868*** (0.142)
与 *admin* 交互项	2.252*** (0.231)	1.260*** (0.128)		
与 *super* 交互项			23.885*** (1.909)	0.070*** (0.022)

续 表

	（1）	（2）	（3）	（4）
cons	5.148	4.745	89.982	3.962
误差修正项系数	−0.403*** (0.038)	−0.269*** (0.029)	0.0004 (0.002)	−0.222*** (0.031)
temp_h	−0.038*** (0.006)	−0.032*** (0.007)	−0.026*** (0.007)	−0.033*** (0.007)
temp_l	0.038*** (0.007)	0.033*** (0.007)	0.026*** (0.007)	0.033*** (0.007)
rain	0.119** (0.048)	0.115** (0.049)	0.085 (0.054)	0.092* (0.053)
wind	0.592*** (0.060)	0.592*** (0.062)	0.606*** (0.064)	0.589*** (0.064)
restday	−0.008 (0.040)	0.014 (0.040)	−0.017 (0.042)	0.005 (0.042)
cons	−0.064 (0.095)	−0.312*** (0.095)	−0.295*** (0.103)	−0.234** (0.100)
LM test （p）	17.892 (0.330)	27.147 (0.040)	12.880 (0.168)	23.296 (0.106)
Log Likelihoood	−3 719.533	−5 853.430	−6 997.907	−9 841.763
N	1 577	1 577	1 436	1 435

以上分析表明,环境污染监管是网络舆论压力的减霾效应得以发挥的重要传导机制。相比较而言,环境保护立法的中间传导机制效应尚不能有效发挥。如何进一步提升环境行政规制水平,减少传统的规制路径依赖的干扰,加强公众网络舆论与官方行政规制的策略性互动,使其能尽快反映公众环保诉求,将是提升环境规制水平的重要方向。

第五节 进一步讨论

一、网络媒体关注与雾霾污染治理的门限协整分析

前文关于网络媒体关注与雾霾污染关系的协整分析结果显示,原创与雾霾污染存在正向协整关系,转发对雾霾污染的影响并不显著,在考虑微博原创与转发的交互影响后,微博原创和转发均与雾霾污染存在负向长期均衡关系。为进一步检验上述结论的稳健性,本部分采用带门限机制的非线性模型进一步探讨全部用户以及大 V 用户原创或转发行为与雾霾污染的协整关系。目前,带门限机制的协整回归方法已经受到较多的关注和应用,如 Balke 和 Fomby(1997)、Hansen 和 Seo(2002)等。采用门限机制的非线性模型对网络媒体关注与雾霾污染的协整关系进行分析,一方面,可进一步验证前文实证分析的结果,另一方面,可从短期考察两者的关系,与长期协整分析形成互补。

表 6.16 报告了基于门限机制的微博原创和转发行为影响雾霾污染的协整回归结果①,其中,模型一的门限变量为微博转发行为的差分项,模型二的门限变量为原创行为的差分项。需要说明的是,门限协整回归的前提是所选变量在样本期间表现出的时间序列特征满足门限协整检验的基本要求,即被解释变量和解释变量是非平稳的单位根,门限变量为平稳变量。根据

---

① 需要说明的是,限于篇幅,本部分研究方法并没有考虑门限变量的内生性,我们将在后续文章中对该问题进行更深入的分析。

**表 6.16 网络媒体关注与雾霾污染关系的
门限协整回归结果**

解释变量	模 型 一		解释变量	模 型 二	
	D.ln*forw* ≤**0.039**	D.ln*forw* >**0.039**		D.ln*orig* ≤**0.235**	D.ln*orig* >**0.235**
ln*orig*	0.377*** (0.032)	0.949*** (0.076)	ln*forw*	0.039 (0.032)	0.118** (0.048)
L.ln*orig*	−0.303*** (0.041)	−0.813*** (0.081)	L.ln*forw*	−0.037 (0.031)	−0.101** (0.051)
cons	3.666*** (0.201)	3.337*** (0.230)	cons	4.111*** (0.102)	4.710*** (0.108)
temp_h	−0.053*** (0.007)		*temp_h*	−0.050*** (0.007)	
temp_l	0.051*** (0.007)		*temp_l*	0.045*** (0.007)	
rain	0.152*** (0.051)		*rain*	0.123** (0.052)	
wind	0.503*** (0.064)		*wind*	0.481*** (0.065)	
restday	0.150*** (0.040)		*restday*	0.116*** (0.041)	
AIC	−984.424		AIC	−934.010	
LM 检验	27.842(p=0.004)		LM 检验	74.169(p=0.000)	

表 6.4 和表 6.5 的检验结果，本部分变量选取符合门限协整检验的基本要求。同时，为确定变量之间是否存在非线性门限协整关系，还需要进行门限协整检验。具体而言，采用 Bootstrap 方法，自助抽样 1 000 次，得到表 6.16 模型一的 LM 检验统计量为 27.842，对应的 p 值为 0.004，模型二的 LM 检验统计量为

74.169,对应的 p 值为 0.000①,由此,在 1% 的显著性水平拒绝线性协整的原假设,认为模型一和模型二的变量之间均存在门限协整关系。从表 6.16 可以看出,模型一中门限变量即转发差分项的最优门限值为 0.039,当门限变量超过门限值时,微博原创及其滞后项系数的绝对值都大幅增加,这表明,从短期来看,微博原创行为反映当期雾霾污染的程度有所增强,前期原创行为对雾霾污染的抑制效应也有所增强。模型二门限变量的差分项对应的最优门限值为 0.235,当原创差分项小于最优门限值时,微博转发行为及其滞后项的系数并不显著,随着原创变差增加并超过 0.235,微博转发对当期雾霾污染存在显著的正向影响,对前期雾霾污染具有显著的抑制效应。以上门限机制的协整回归结果表明,短期来看,原创或转发对雾霾污染的即时反映程度或减霾程度均离不开网络媒体雾霾关注度的另一个度量指标,这进一步验证了前文分析的正确性,微博原创和转发行为通过交互影响才能起到缓解雾霾污染的作用。

二、网络媒体关注、环境污染监管与雾霾污染的门限协整分析

前文分析证明了环境污染监管的中间传导作用,为进一步验证该结论的准确性,我们采用带门限机制的协整回归分析法深入探讨。我们首先采用环境污染监管的差分项做门限变量,该变量是平稳变量,同时,网络媒体关注和雾霾污染为非平稳的一阶单位根,符合门限协整回归的基本要求。表 6.17 报告了环境

---

① 在进行门限协整检验中,由于第一个样本值原创量、转发量的滞后项及差分项为空值,我们将其删除。

表 6.17　环境污染监管中间传导机制的门限协整回归结果

变　量	门限变量：$D.super$		
	(1)	**(2)**	**(3)**
Region	$D.super \leqslant 0$	$D.super \leqslant 1$	$D.admin \leqslant -1$
$\ln orig$	0.584*** (0.040)		0.867*** (0.146)
$L.\ln orig$	−0.353*** (0.040)		−0.541*** (0.149)
$\ln forw$		0.123*** (0.033)	−0.018 (0.062)
$L.\ln forw$		−0.118*** (0.033)	−0.001 (0.061)
cons	2.582*** (0.225)	4.323*** (0.111)	1.969*** (0.549)
Region	$D.super > 0$	$D.super > 1$	$D.admin > -1$
$\ln orig$	0.816*** (0.125)		0.571*** (0.041)
$L.\ln orig$	−0.516*** (0.127)		−0.321*** (0.041)
$\ln forw$		0.522*** (0.129)	0.103*** (0.034)
$L.\ln forw$		−0.507*** (0.131)	−0.111*** (0.035)
cons	2.003*** (0.525)	4.372*** (0.149)	2.470*** (0.234)
$temp\_h$	−0.054*** (0.007)	−0.058*** (0.008)	−0.054*** (0.007)
$temp\_l$	0.052*** (0.008)	0.051*** (0.008)	0.052*** (0.008)

续　表

变　量	门限变量：*D.super*		
	(1)	**(2)**	**(3)**
rain	0.130** (0.055)	0.139** (0.060)	0.125** (0.055)
wind	0.498*** (0.066)	0.496*** (0.071)	0.479*** (0.066)
restday	0.169*** (0.044)	0.103** (0.046)	0.192*** (0.042 3)
N	1 443	1 443	1 443
LM 检验(p)	30.030(0.002)	17.925(0.020)	35.153(0.000)

污染监管中间传导机制的门限协整回归结果,其中第(1)列的核心解释变量是原创及其一阶滞后项,第(2)列是转发及其一阶滞后项,第(3)列将原创和转发以及它们的一阶滞后项同时考虑进来。对门限变量环境污染监管进行门限协整检验,根据 Bootstrap 方法自助抽样 500 次,从表 6.17 中 LM 检验结果可知,应该在 5% 的显著性水平上拒绝线性协整的原假设,认为变量之间均存在门限协整关系,采用门限协整回归方法合理有效。第(1)列的门限值为 0,当环境污染监管的力度加大并超过门限值,微博原创行为的系数由 0.584 变为 0.816,原创差分项的系数由 −0.353 变为 −0.516,这表明随着政府加大环境规制强度,微博原创行为对雾霾污染的即时反馈能力和抑制效应都有所增强。第(2)列得出的结论与第(1)列基本一致。从第(3)列可知,当门限变量低于门限值时,原创及其滞后项均对雾霾污染存在显著的正向或负向影响,而转发及其滞后项的系数并不

显著;随着环境污染监管力度的增强并越过门限值－1,原创、转发及其滞后项的系数均变得显著。该结论意味着,环境污染监管的增强有利于原创和转发减霾效应的协同发挥。总之,以上门限协整分析对环境污染监管的中间传导机制进行了进一步验证,环境污染监管力度的增强有助于发挥网络媒体关注的减霾作用。

第六节　总结性评论

中国雾霾污染已经引起国内外学者、政府与公众的广泛关注,加快雾霾治理、改善空气质量是中国推动生态文明建设和实现可持续发展面临的必然选择。在环境污染治理以政府的环境规制为主导的背景下,随着环境信息透明度的提升、公众环保意识的增强以及信息技术水平和互联网普及程度的提升,一股推动环境污染治理的非正式环境规制力量——网络媒体正在史无前例地发挥出日益重要的污染治理效应。

本章以新浪微博为例,采用 Python 工具获取了 2011 年 6 月至 2015 年 10 月北京市微博用户每天对雾霾污染相关词条的原创量和转发量,并以此表征公众在网络媒体上对雾霾污染的关注程度。在此基础上,综合采用协整分析法、结构突变协整分析法以及带门限机制的协整回归法细致考察了公众雾霾关注所引发的网络舆论压力对雾霾污染影响的程度、异质性及作用机制。通过分析我们得到如下主要结论:(1) 2011 年 6 月至 2015 年 10 月,北京市 $PM_{2.5}$ 浓度日均值为 94 $\mu g/m^3$,高于适宜人类

生存的限值 $75\ \mu g/m^3$,雾霾污染呈现出显著的季节差异性,而休息日效应并不显著;(2)原创或者转发与雾霾污染程度有很强的相关性,其在反映空气质量信息方面具有很强的即时性;(3)在一定条件下,全部微博用户或大 V 用户的原创和转发行为交互影响能起到缓解雾霾污染的作用,可见,网络用户的原创和转发行为具有强大的舆论功效和非正式的环境规制效应;(4)与微博所有用户原创和转发行为都具有减霾效应的结论不同,大 V 用户转发行为的减霾效应高于原创行为;(5)2012 年底是重要的结构突变时间,在此之后,转发所表征的网络舆论压力的减霾效应有所增强,不论在突变时间前后,原创均没有发挥减霾效应;(6)环境污染监管有助于发挥网络舆论压力的减霾效应,不过环境保护立法的中间传导作用较小。

第七章　公众环境诉求对企业污染排放的影响：来自百度环境搜索的证据

第一节　问题的提出

在中国经济由高速发展向高质量发展转型的过程中,污染防治是我们面临的重要任务,同时也是我们必须要跨越的重要关口。近年来,在政府的高度重视和强有力的环境规制措施下,我国主要污染物排放量持续下降,生态环境得以总体改善①。然而,随着污染治理的持续推进,污染防治的边际减排成本不断上升,要实现打赢污染防治攻坚战的目标依然任重道远(蒋伟杰和张少华,2018)。具体来讲,空气质量受气象条件影响较大,为污染防治带来了极大的不确定性。污染防治存在部分突出问题和薄弱环节,对精细化管理提出了较高要求。多污染源协同治理和区域协同治理问题依然较为突出(邵帅等,2016;胡志高等,2019)。新冠疫情下经济下行压力加大导致重发展轻保护的现象局部"反弹"。在生态文明建设压力叠加、负重前行的关键时期,环境污染防治更需科学化、精准化、多元化。这意味着,从微观层面识别影响污染治理的关键因素,对推进污染防治攻坚、加快经济绿色转型和高质量发展具有重要的现

---

① 参考《2020 年国务院政府工作报告》。

实意义。

　　需要强调的是,在环境污染治理中,除发挥政府的主导作用外,还要发挥其他经济主体在减排方面的推动作用。如诺贝尔经济学奖获得者奥斯特罗姆所言,传统的命令型环境规制和市场激励型环境规制过分强调政府作为外部治理者的作用,无法根治资源退化和环境污染问题,而资源使用者或污染排放者自组织的管理模式可以有效解决这一问题,因此公共政策制定者应该从政府、公众和资源使用者(或污染排放者)的相互合作中寻找自身的定位,确定合理的政策边界(奥斯特罗姆,2009;柴盈和曾云敏,2009)。因此,一方面,政府应重视污染排放主体——企业的排污行为选择;另一方面,要积极推动公众的环境参与,通过公众环境参与和诉求表达倒逼排污主体企业的节能减排。近年来随着大气污染治理和生态文明体制改革的持续推进,我国政府越来越重视公众在环境治理中的作用,并致力于建立和完善多层次的环境治理体系(王班班等,2020)。"十四五"规划明确提出"加大环保信息公开力度,加强企业环境责任制度建设,完善公众监督和举报反馈机制,引导社会组织和公众共同参与环境治理"。实践证明,公众环境参与的力量至关重要。例如,针对20世纪中叶经历的严重环境污染,在日本媒体就污染事故的大量追踪报道下,日本许多城市市民开展了大规模诉讼,正是民众的广泛参与推动了日本环保法规的制定和环境质量的改善(郑思齐等,2013)。在我国,也有越来越多的公众开始表达他们对环境问题的关注和环境治理的诉求。

　　特别地,本书第二章通过演化博弈分析和动态优化分析得到如下两个研究结论:一是,公众环境诉求对企业污染排放具有抑制作用，而且随着公众环境敏感度的提升，公众环境诉求的边际减排效应呈递减趋势；二是，在一定条件下，公众环境诉求有助于促使政府提高环境规制力度，且环境规制效率越高，公众环境诉求的边际规制效应越强。

　　基于上述现实背景和学术背景，本章重点采用实证分析方法对第二章提出的理论结果予以验证。对于公众环境诉求影响企业污染排放在实证层面的准确分析，对科学、准确、高效治污，厘清政府、公众和企业的合理边界以及构建多层次的环境治理体系均具有重要意义。在现有研究的基础上，本章首先将 1998—2012 年中国工业企业数据库、中国工业企业污染排放数据库和专利统计数据库匹配得到 41.42 万个样本观测值。在此基础上，对 11.43 万家工业企业按年份在百度搜索引擎中进行关键词检索，并得到公众环境诉求的度量指标；进而，采用控制企业效应、行业效应和年份效应的最小二乘估计法、工具变量法等就公众环境诉求的减排效应进行详尽的实证考察和机制讨论。特别地，对于模型中存在的内生性偏误，我们选择各省市互联网上网人数占比和工业企业中电话号码中特殊数字 6 或 4 出现的次数作为公众环境诉求的工具变量。本章旨在通过上述探索性研究工作，从微观视角探讨公众环境诉求影响企业污染排放的内在机理，为建立和完善多层次的环境治理体系提供决策依据，为发挥公众环境诉求与政府环境规制的协同减排效应提供学术支撑。

第二节　研究设计

一、模型构建

我们首先构建实证模型以检验公众环境诉求与企业污染排放的负相关关系。其基准回归模型如下：

$$\ln y_{it} = \beta_0 + \beta_1 \ln serp_{it} + \mathbf{X}\boldsymbol{\delta} + \mathbf{Z}\boldsymbol{\theta} + \boldsymbol{\psi} + u_{it} \qquad (7.1)$$

式(7.1)中，i 代表 11.434 1 万个中国工业企业数，t 代表年份，即 1998—2012 年；$\ln y$ 表示被解释变量企业污染排放水平；$\ln serp$ 表示公众环境诉求水平；$\mathbf{X}$ 是由企业层面的控制变量组成的向量，它包含企业内部影响污染排放的其他控制因素；$\mathbf{Z}$ 表示城市层面的控制变量；β、$\boldsymbol{\delta}$、$\boldsymbol{\theta}$ 表示待估系数(向量)；$\boldsymbol{\psi}$ 表示控制效应，包括控制企业效应、行业效应和年份效应；u 为随机扰动项。

与此同时，为检验正式环境规制影响公众环境诉求与企业污染排放关系的机制作用，我们将待检验的实证模型设定为：

$$reg_{jt} = \alpha_0 + \alpha_1 \ln serp_{it} + \mathbf{X}\boldsymbol{\delta} + \mathbf{Z}\boldsymbol{\theta} + \boldsymbol{\psi} + u_{it} \qquad (7.2)$$

式(7.2)中，reg_{jt} 表示省级行政区 j 在年份 t 的政府环境规制力度，包括命令型环境规制和市场激励型环境规制力度。其他变量与式(7.1)基本一致。

二、变量选取

我们选择工业企业 COD 排放量的对数($\ln cod$)作为被解释

变量企业污染水平的基础度量指标，同时，我们还考虑了水污染的其他度量指标，如 COD 排放强度的对数（$lncodden$）、工业废水排放量的对数（$lndirtywater$）等。考虑到 COD、工业废水属于水污染的范畴，参考徐志伟等（2020a）对气体污染排放的相关研究，我们还选择对数形式的二氧化硫排放量（$lnso2$）作为被解释变量以进行稳健性考察。

对于核心解释变量公众环境诉求水平（$lnserp$），采用 Python 工具在百度搜索引擎中进行关键词检索以爬取 1998—2012 年各企业"污染"词条的年度检索数量，此外，我们还爬取了工业企业关于"环境保护"和"排放"词条的年度检索量（$lnserp\_1$）作为公众环境诉求的稳健性度量指标。

对于企业层面的控制变量 X，参考 Wang et al.（2018）、徐志伟等（2020a）以及陈登科（2020）的做法，我们首先控制了企业生存情况、资产规模、人员规模、盈利能力和生产能力五个方面，分别用企业年龄对数值（$lnage$）、资产总计对数值（$lnsize$）、从业人员对数值（$lnscale$）、资产收益率（roa）以及工业总产值对数值（$lnoutput$）表示。同时，考虑到技术创新在改善环境质量方面的作用，我们用工业企业专利申请量度量企业技术创新水平（$patent$），该指标包含了工业企业发明专利、实用新型专利和外观设计三种类型的专利申请量。此外，为了防止遗漏变量问题的出现，除控制企业层面的因素外，参考寇宗来和刘学悦（2020），我们还加入了城市控制变量 Z，具体包括企业所在城市的经济发展水平的对数（$lncgdp$）、人口集聚水平（$popdes$）及产业结构（$secrate$），分别用城市人均 GDP、人口密度和第二产业占比表示。

参考王书斌和徐盈之(2015)、李欣等(2017),我们用各省级行政区每年颁布的地方环境法规数量($erule$)、实施的环境行政处罚案件数量对数值($lnepuni$)表示命令型环境规制,用排污费与工业增加值之比($charge$)表示市场激励型环境规制。

表 7.1 汇总了实证模型中各变量的含义及具体处理方法。

表 7.1 公众环境诉求与企业污染排放相关变量的含义和处理方法

类别	变量名称	含 义	变 量 解 释
被解释变量	$lncod$	化学需氧量排放量	ln(化学需氧量排放量+1)
	$lncodden$	化学需氧量排放强度	ln[(化学需氧量排放量*1 000+1)/工业总产值现值]
	$lndirtywater$	工业废水排放量	ln(工业废水排放量+1)
	$lnso2$	二氧化硫排放量	ln(二氧二硫排放量+1)
解释变量	$lnserp$	公众环境诉求水平	ln(百度搜索引擎关于工业企业污染词条的年检索数量+1)
	$lnserp\_1$	公众环境诉求水平	ln(百度搜索引擎关于工业企业环境保护和排放词条的年检索数量+1)
控制变量	$lnage$	企业生存情况	ln(企业年龄+1)
	$lnsize$	资产规模	ln(资产总计)
	$lnscale$	人员规模	ln(从业人员)
	roa	盈利能力(资产收益率)	利润总额/资产总计
	$lnoutput$	生产能力	ln(工业总产值现值)
	$patent$	企业技术水平	企业专利申请量
	$lncgdp$	经济发展水平	所在城市人均GDP

续　表

类别	变量名称	含　义	变　量　解　释
控制 变量	*popdes*	人口集聚水平	所在城市单位面积常住人口数
	secrate	产业结构	所在城市第二产业占比
机制 变量	*erule*	命令型环境规制	地方政府颁布的环境法规数量
	ln*epuni*	命令型环境规制	ln(政府实施的环境行政处罚案件数量＋1)
	charge	市场激励型环境规制	排污费收入与工业增加值之比

三、数据来源与处理

本章关注的被解释变量为企业污染排放,其数据来源是中国工业企业污染排放数据库,该数据库提供了 1998—2012 年不同工业企业的污染排放信息。我们选择中国工业企业数据库作为企业层面控制变量选择的重要来源,该数据库包含不同工业企业的特征和财务信息,目前该数据库已被部分高质量研究所采用,如 Song et al.(2011)、聂辉华等(2012)、李卫兵和张凯霞(2019)、徐志伟等(2020b)。此外,中国工业企业专利申请数据来自北京神州共享数据科技有限公司,机制解释变量的数据来自《中国环境统计年鉴》,城市层面的控制变量来自《中国城市统计年鉴》。

由于变量涉及多个数据库,在实证分析前我们先处理不同数据库的匹配问题,并得到 1998—2012 年共 114 341 家工业企业、414 211 个样本观测值。与此同时,我们对上述 11.43 万家工业企业按年份在百度搜索引擎中进行网页检索,检索关键词分别为"企业名称＋污染"和"企业名称＋环境保护＋排放",由此得到核心解释变量的基本度量指标。

四、数据描述

表 7.2 报告了 1998—2012 年变量的基本描述性统计结果[①],包括数据集中度和离散度的基本指标。可以看出,工业企业化学需氧量排放量的平均值为 371.784 千克,公众在百度搜索引擎中对工业企业的年度环境检索量分别为 2.815 次和 4.083 次。

表 7.2　公众环境诉求与企业污染排放
相关变量的描述性统计

变量名	观测值	平均值	标准差	最小值	25 分位数	中位数	75 分位数	最大值
lncod	414 211	5.921	4.159	0.000	1.448	6.804	9.214	14.078
ln$codden$	414 211	−6.345	6.201	−19.647	−10.865	−4.127	−1.686	3.286
ln$dirtywater$	411 704	9.498	3.766	0.000	8.388	10.309	11.903	15.421
ln$so2$	352 621	7.490	4.304	0.000	3.955	8.882	10.655	14.712
ln$serp$	414 211	1.339	1.323	0.000	0.000	1.099	2.197	6.238
ln$serp\_1$	414 211	1.626	1.694	0.000	0.000	1.609	2.485	18.421
lnage	414 211	2.359	0.862	0.000	1.792	2.303	2.890	4.111
ln$size$	414 211	17.777	1.571	14.671	16.626	17.635	18.782	22.080
ln$scale$	414 211	5.537	1.127	2.996	4.779	5.485	6.238	8.540
roa	414 211	0.069	0.160	−0.226	0.000	0.024	0.090	0.916

---

① 作用机制变量缺少来自西藏的数据,故而该部分观测值少于 414 211。

续　表

变量名	观测值	平均值	标准差	最小值	25分位数	中位数	75分位数	最大值
$lnoutput$	414 211	17.902	1.522	14.677	16.796	17.792	18.886	22.016
$patent$	414 211	0.304	1.502	0.000	0.000	0.000	0.000	11.000
$lncgdp$	414 211	6.994	1.142	4.493	6.168	6.957	7.793	9.552
$popdes$	414 211	5.965	4.246	0.512	3.120	5.330	7.640	22.507
$secrate$	414 211	0.495	0.084	0.262	0.443	0.502	0.553	0.705
$erule$	414 206	0.993	1.460	0.000	0.000	1.000	2.000	18.000
$lnepuni$	414 206	8.057	1.156	0.000	7.386	8.186	8.831	10.544
$charge$	414 206	0.130	0.090	0.009	0.086	0.121	0.148	0.915

第三节　实　证　结　果

一、基准回归结果

为对公众环境诉求的边际减排效应予以验证,我们进行了基准回归分析和系列稳健性考察。在基准回归分析前,为避免企业样本中的离群值给回归结果带来的影响,我们对模型中的被解释变量、解释变量和控制变量在前后 1% 的水平上进行了 Winsorize 缩尾处理。我们首先汇报了公众环境诉求影响企业污染排放的稳健标准误回归的基准结果,即式(7.1)的估计结果,如表 7.3 所示。

表 7.3 公众环境诉求对企业污染排放影响的基准回归结果

变 量	(1)	(2)	(3)	(4)
ln$serp$	−0.008*** (0.003)	−0.007*** (0.003)	−0.007*** (0.003)	−0.008*** (0.003)
lnage		0.039*** (0.013)	0.038*** (0.013)	0.039*** (0.013)
ln$size$		0.175*** (0.014)	0.177*** (0.014)	0.176*** (0.014)
ln$scale$		0.119*** (0.012)	0.119*** (0.012)	0.123*** (0.012)
roa		−0.020 (0.043)	−0.021 (0.043)	−0.046 (0.043)
ln$output$		0.252*** (0.012)	0.253*** (0.012)	0.24*** (0.012)
$patent$			−0.015*** (0.003)	−0.014*** (0.003)
ln$cgdp$				−0.301*** (0.066)
$popdes$				−0.033*** (0.005)
$secrate$				1.788*** (0.202)
常数项	6.216*** (0.120)	−1.918*** (0.273)	−1.963*** (0.273)	−0.582 (0.457)
控制企业效应	是	是	是	是
控制行业效应	是	是	是	是
控制年份效应	是	是	是	是
观测值	414 211	414 211	414 211	414 211
R^2	0.456	0.461	0.461	0.462

注：***、**和*分别代表 1%、5%和 10%的显著性水平，括号内为稳健标准误。

表7.3中我们控制了企业效应、行业效应和年份效应,被解释变量为工业企业排放的化学需氧量(对数形式),第(1)列仅加入了核心解释变量,第(2)—(4)列逐步加入了企业和城市层面的控制变量。下面重点以第(4)列为例进行分析。公众环境诉求的系数为−0.008,且满足1%的显著性水平,这表明公众环境诉求每提升1%将导致企业COD排放约降低0.008%。这意味着,公众环境诉求发挥了非正式环境规制的作用,有利于促进企业降低污染排放。我们认为,公众环境诉求之所以能直接发挥减排效应,主要是因为公众作为消费者,其环境治理诉求和对企业的评价能够通过消费选择直接影响企业的生产决策和污染排放决策。

从控制变量的系数符号可以看出,企业生存情况、资产规模、人员规模、企业生产能力的符号显著为正,表明寿命越长、资产和从业人员规模越大、生产能力越强的企业,越倾向于排放更多的化学需氧量。我们认为寿命越长的工业企业的资产设备的更新换代相对缓慢,清洁化转型也相对滞后,这是导致其化学需氧量排放量偏多的重要原因。大型工业企业具有资产规模、人员规模和生产规模的优势,并呈现出高基数、大总量的特点,若在节能减排方面不能发挥规模经济的优势,则必然产生更多的污染排放。资产收益率的系数尽管为负,但并不显著,表明其对企业COD排放并不存在显著影响。从城市控制变量的系数符号可以看出,企业所在城市的经济发展水平越高、人口集聚程度越高、第二产业占比越低,则企业排放的COD总量越低。与环境库兹涅茨假说一致,环境质量会随着经济发展逐步改善;人口集聚对污染排放表现出集聚效应和规模效应两个方面,若集聚效应超过规模效应,则人口集聚有利于改善环境质量;第二产业占比降低意味着企业所在地区的产业结构向高级化和合理化转变,从而有利于推动企业减少污染排放。

二、稳健性检验

前文在控制企业效应、行业效应和时间效应的条件下考察了公众环境诉求对企业 COD 排放的抑制作用,那么,公众环境诉求对其他污染类型是否存在促降效应? 同时,在考虑测量误差、动态效应、异方差和序列相关、样本偏差等情况下,该结论是否保持不变? 为此我们进行了系列稳健性分析。

(一)替换核心解释变量和被解释变量

为保证实证结果的稳健性,我们将工业企业关于环境保护和排放词条的百度检索量作为公众环境诉求的稳健性度量指标,实证结果如表 7.4 第(1)、(2)列所示。同时,我们将被解释变量 COD 排放量替换为 COD 排放强度、工业废水排放量和二氧化硫排放量(均为对数形式),稳健性回归结果如表 7.4 第(3)—(8)列所示。可以看出,在替换相关变量后,公众环境诉求的系数依然显著为负,表明公众环境诉求的提升有利于抑制企业污染排放,这进一步验证了基准回归结果的准确性。

(二)考虑匹配误差

我们虽然通过年份、法人代码、省地县码以及企业名称对中国工业企业数据库、工业企业污染排放数据库和专利统计数据库这三大微观数据库中的企业进行匹配,但 Wang et al.(2018)认为匹配后的部分工业企业并非完全一致,这是因为三大数据库中可能存在同名子公司、分公司或者不同地区企业名称相同

表 7.4 替换核心解释变量和被解释变量的回归结果

变 量	(1) lnserp_1	(2) lnserp_1	(3) lncodden	(4) lncodden	(5) lndirtywater	(6) lndirtywater	(7) lnso2	(8) lnso2
lnserp/lnsep_1	−0.026*** (0.004)	−0.026*** (0.004)	−0.012** (0.005)	−0.013*** (0.005)	−0.006** (0.003)	−0.006** (0.003)	−0.005* (0.003)	−0.005* (0.003)
lnage		0.040*** (0.013)		0.048** (0.022)		0.044*** (0.012)		0.076*** (0.011)
lnsize		0.178*** (0.014)		0.255*** (0.024)		0.189*** (0.014)		0.113*** (0.013)
lnscale		0.121*** (0.012)		0.103*** (0.020)		0.146*** (0.012)		0.196*** (0.013)
roa		−0.050 (0.043)		−0.094 (0.070)		−0.006 (0.043)		−0.159*** (0.040)
lnoutput		0.241*** (0.012)		−0.671*** (0.020)		0.189*** (0.012)		0.202*** (0.012)
patent		−0.012*** (0.003)		−0.021*** (0.005)		0.001 (0.003)		0.005 (0.004)

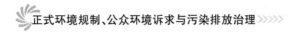

续 表

变 量	(1) lnserp_1	(2) lnserp_1	(3) lncodden	(4) lncodden	(5) lndirtywater	(6) lndirtywater	(7) lnso2	(8) lnso2
$\ln cgdp$		−0.300*** (0.066)		−0.528*** (0.110)		−0.326*** (0.058)		−0.852*** (0.063)
$popdes$		−0.033*** (0.005)		−0.072*** (0.008)		−0.014*** (0.005)		−0.005 (0.006)
$secrate$		1.770*** (0.202)		2.499*** (0.333)		0.393** (0.187)		0.746*** (0.194)
常数项	6.203*** (0.120)	−0.621 (0.456)	−6.297*** (0.207)	2.615 (0.767)	9.326*** (0.111)	3.751*** (0.422 2)	8.995*** (0.116)	7.102*** (0.429)
控制企业效应	是	是	是	是	是	是	是	是
控制行业效应	是	是	是	是	是	是	是	是
控制年份效应	是	是	是	是	是	是	是	是
观测值	414 211	414 211	414 211	414 211	411 704	411 704	352 621	352 621
R^2	0.456	0.462	0.288	0.293	0.015 0	0.025 0	0.488	0.494

注:***、**和*分别代表1%、5%和10%的显著性水平,括号内为稳健标准误。

的现象，因此，基准估计结果可能存在偏差。同时，Wang et al.
(2018)认为，可以通过工业企业数据库和工业企业污染排放数
据库两大数据库中工业总产量之间的差异检验匹配是否一致问
题。参考他们的做法，我们在匹配后的工业企业样本中，将企业
总产量相差 10% 的观测值予以剔除，以缓解匹配误差导致的内
生性问题，实证结果如表 7.5 所示。表 7.5 中被解释变量为对数
形式的化学需氧量，可以看出，公众环境诉求的系数为负，且满
足 10% 的显著性水平，表明即使考虑匹配误差，公众环境诉求
仍有利于抑制企业污染排放。

表 7.5　考虑匹配误差的回归结果（剔除 10% 偏差样本）

变　量	(1)	(2)	(3)	(4)
ln$serp$	−0.009* (0.005)	−0.010* (0.005)	−0.010* (0.005)	−0.010* (0.005)
lnage		0.038* (0.022)	0.037* (0.022)	0.041* (0.022)
ln$size$		0.184*** (0.032)	0.187*** (0.032)	0.185*** (0.032)
ln$scale$		0.169*** (0.022)	0.167*** (0.022)	0.172*** (0.022)
roa		−0.193 (0.125)	−0.193 (0.125)	−0.214* (0.125)
ln$output$		0.427*** (0.030)	0.431*** (0.030)	0.424*** (0.030)
$patent$			−0.019*** (0.005)	−0.018*** (0.005)
ln$cgdp$				−0.458*** (0.111)

变　量	(1)	(2)	(3)	(4)
popdes				−0.005 (0.009)
secrate				2.112*** (0.357)
常数项	7.154*** (0.189)	−4.650*** (0.586)	−4.770*** (0.587)	−2.782*** (0.859)
控制企业效应	是	是	是	是
控制行业效应	是	是	是	是
控制年份效应	是	是	是	是
观测值	136 027	136 027	136 027	136 027
R^2	0.478	0.485	0.486	0.486

注：***、**和*分别代表1％、5％和10％的显著性水平,括号内为稳健标准误。

（三）其他稳健性考察

表7.6报告了其他形式的稳健性回归结果。第（1）列除控制企业效应、行业效应和年份效应外,还控制了行业和年份交互效应,结果得到,公众环境诉求的系数为−0.007,且满足1％的显著性水平。第（2）列加入了公众环境诉求的滞后项以考察公众环境诉求对企业污染排放影响的动态性,结果得到,公众环境诉求的当期项在1％的水平显著为负,而其一阶滞后项对企业化学需氧量排放并不存在显著影响,这表明公众环境诉求对企业污染排放的影响具有一定的时效性,仅当期公众环境诉求有利于抑制企业污染排放。为解决面板数据可能存在的异方差和序列相关问题,我们采用Driscoll-Kraay standard errors回归进

行稳健性分析，在此之前，我们先对面板数据进行序列相关检验，并得出结论：拒绝面板数据不存在一阶自相关的原假设，实证结果如第(3)列所示。可以看出，即使考虑异方差和序列相关问题，公众环境诉求的提升仍有利于抑制企业 COD 排放。第(4)列中，考虑到数据异常值可能会造成回归估计偏差，我们剔除了 lnserp 等于零以及 lnserp 高于 95％ 分位值的样本，并在控制企业、行业和年份效应的基础上进行稳健性回归，结果得到，公众环境诉求的系数为负，且满足 1％ 的显著性水平。此外，考虑到 1998 年和 1999 年互联网发展处于起步阶段，这两年百度搜索引擎关于企业污染词条的搜索量为零的占比相对较高，为此，我们剔除了 1998 和 1999 年，仅考察了 2000 年及以后公众环境诉求对企业 COD 排放的影响，结果如第(5)列所示，可以看出公众环境诉求的系数在 5％ 的显著性水平为负。总而言之，通过上述多种形式的稳健性检验，我们得到结论，公众环境诉求有利于企业降低污染排放。

表 7.6　其他稳健性考察

变　量	(1)	(2)	(3)	(4)	(5)
$L.\text{lnserp}$		−0.005 (0.004)			
lnserp	−0.007*** (0.003)	−0.009** (0.004)	−0.008*** (0.003)	−0.011*** (0.003)	−0.006** (0.003)
lnage	0.058*** (0.013)	0.006 (0.017)	0.039*** (0.006)	0.040*** (0.014)	0.039*** (0.014)
lnsize	0.162*** (0.014)	0.179*** (0.018)	0.176*** (0.014)	0.178*** (0.015)	0.175*** (0.014)

续　表

变　量	(1)	(2)	(3)	(4)	(5)
ln*scale*	0.167*** (0.012)	0.112*** (0.015)	0.123*** (0.014)	0.123*** (0.012)	0.109*** (0.012)
roa	0.012 (0.042)	−0.070 (0.057)	−0.046 (0.038)	−0.039 (0.044)	−0.039 (0.043)
ln*output*	0.200*** (0.012)	0.228*** (0.015)	0.241*** (0.018)	0.239*** (0.012)	0.232*** (0.012)
patent	−0.019*** (0.003)	−0.006 (0.004)	−0.014*** (0.004)	−0.014*** (0.003)	−0.012*** (0.003)
ln*cgdp*	−0.407*** (0.065)	−0.375*** (0.081)	−0.301* (0.182)	−0.305*** (0.067)	−0.155** (0.068)
popdes	−0.039*** (0.005)	−0.025*** (0.005)	−0.033 (0.022)	−0.033*** (0.005)	−0.030*** (0.005)
secrate	1.589*** (0.200)	1.722*** (0.241)	1.788*** (0.296)	1.746*** (0.205)	1.775*** (0.210)
常数项	0.757 (0.478)	−4.578*** (0.703)	−0.582 (1.288)	−0.577 (0.464)	−6.499*** (0.579)
控制企业效应	是	是	是	是	是
控制行业效应	是	是	是	是	是
控制年份效应	是	是	是	是	是
控制行业× 年份效应	是	否	否	否	否
观测值	414 211	254 705	414 211	393 436	379 250
R^2	0.475	0.437	—	0.462	0.510

注：***、**和*分别代表 1%、5%和 10%的显著性水平,括号内为稳健标准误。

三、基于工具变量的考察

概括而言,面板数据的内生性往往来自三个方面:一是遗漏变量,从而导致解释变量和随机干扰项相关;二是测量误差,样本数据在测量过程中存在的偏差也会引发内生性问题;三是被解释变量和解释变量之间存在双向因果关系,从而导致解释变量与残差项存在相关性。对于遗漏变量问题,我们在模型中控制了企业效应、行业效应和时间效应,减少了不随时间和个体改变的影响因素发生遗漏的可能性。同时,参考已有研究(寇宗来和刘学悦,2020),我们在模型中除了控制企业内部影响因素外,还控制了企业所在城市的宏观影响因素。对于测量误差问题,我们剔除了工业企业数据库和工业企业污染数据库中工业总产量相差 10% 的观测值。对于双向因果关系导致的内生性问题,我们采用工具变量法予以解决。

工具变量的选择需要满足以下两个条件:(1)工具变量与公众环境诉求存在相关性;(2)工具变量与企业污染排放不存在明显的相关性。近年来,随着公众环保意识的增强以及互联网普及率的上升,公众开始通过网络媒体表达他们的环境诉求,网络在收集和传播环境信息中发挥了越来越重要的作用,互联网已成为媒体报道、公众环境参与的重要渠道和平台(郑志刚,2007;施炳展和李建桐,2020)。基于此,我们选择各省级行政区互联网上网人数占比(*webrate*)作为公众环境诉求的第一个工具变量。该变量与网络媒体的发展和公众环境参与水平息息相关,但是与企业污染排放并没有直接关联,理论上讲,满足工具变量选择的基本条件。同时,我们还选择工业企业电话号码中数字 6 出现的次数(six)或数字 4 出现的次数($four$)作为公众环境诉求的第二个工具变量。从数字的意义来讲,数字不仅具有计算功能,同时也承载了一定的文化功能,数字偏好及所产生的心理暗示效应已经成为人们决策的部分依据。比如,企业产品定价可能会考虑产品价格的谐音及消费者选购产品的记忆效应(Chau et al.,2001)。在我国,数字 4 由于发音接近汉字"死"而受到部分人的忌讳,6 和 8 因为寓意"顺利"和"发财"成为人们偏爱的吉祥数字(赵静梅和吴风云,2009)。刘海洋和唐晓(2014)将工业企业电话号码中的数字 4 和 8 作为主要解释变量,验证了数字偏好会产生"数字溢价"现象。基于上述考虑,我们认为工业企业负责人在选择电话号码时可能对 4、6、8 等数字比较敏感,电话号码偏好 6 的企业可能怀揣诸事顺利的美好期待,其对企业外部环境更为在意,当面临公众减排舆论压力时,其倾向于采取积极的措施以保证生产的顺利进行。同时,从公众角度讲,企业电话号码中 6 出现的次数越多,越易吸引眼球并受到公众的环境关注。因此,我们选择工业企业电话号码中数字 6 出现的次数(six)作为公众环境诉求的第二个工具变量。此外,我们还收集了电话号码中 4 出现的次数($four$)作为 six 的替代变量以从反面进行验证 。需要说明的是,在国家统计局数据库中,第一个工具变量在个别年份存在缺漏值,本研究先对其进行线性插值,然后剔除仍然存在缺漏值的年份,这使得本部分样本区间缩短为 2000—2012 年。

表 7.7 报告了基于工具变量法的稳健性分析结果。根据内生性检验结果,表 7.7 中各列 LM 统计量对应的 p 值均小于 0.01,在 1%的显著性水平拒绝"工具变量识别不足"的原假设;

Cragg-Donald Wald F 统计量均大于 15％的临界值 11.59，表明不存在弱工具变量问题；Hansen J 统计量均不显著，表明所选工具变量不存在过度识别问题。总之，上述检验表明，我们所选工具变量合理有效。从实证结果可以看出，即使考虑互为因果的内生性偏误，公众环境诉求的系数仍显著为负，表明公众环境诉求有利于抑制企业 COD 排放。

表 7.7 工具变量估计结果

变 量	IV：webrate＋six		IV：webrate＋four	
	(1)	**(2)**	**(3)**	**(4)**
$\ln serp$	−37.165***	−3.913***	−37.593***	−3.996***
	(6.551)	(0.618)	(6.662)	(0.634)
$\ln age$	−0.043	0.019	−0.041	0.018
	(0.237)	(0.027)	(0.240)	(0.027)
$\ln size$	0.260	0.172***	0.263	0.172***
	(0.269)	(0.029)	(0.272)	(0.030)
$\ln scale$	−0.418*	0.138***	−0.418*	0.138***
	(0.241)	(0.027)	(0.244)	(0.027)
roa	−2.009**	−0.199*	−2.027**	−0.202*
	(0.997)	(0.108)	(1.009)	(0.110)
$\ln output$	0.048	0.191***	0.046	0.190***
	(0.243)	(0.027)	(0.246)	(0.028)
$patent$	−0.257***	−0.018**	−0.259***	−0.019**
	(0.082)	(0.008)	(0.083)	(0.009)
$\ln cgdp$	1.348*	−0.232*	1.393*	−0.234*
	(0.765)	(0.131)	(0.777)	(0.134)
$popdes$	−0.567***	−0.033**	−0.572***	−0.033**
	(0.138)	(0.013)	(0.140)	(0.013)

续　表

变　量	IV：webrate+six		IV：webrate+four	
	(1)	(2)	(3)	(4)
secrate	−22.634*** (6.935)	2.685*** (0.434)	−23.032*** (7.042)	2.704*** (0.442)
常数项	9.952*** (26.775)	1.873*** (3.659)	1.873*** (3.205)	−2.277* (−1.955)
控制企业效应	是	是	是	是
控制行业效应	否	是	否	是
控制年份效应	否	是	否	是
观测值	351 789	351 789	351 789	351 789
LM test （p）	32.263*** (0.000)	46.403*** (0.000)	31.926*** (0.000)	45.656*** (0.000)
C-D Wald F	17.770	26.134	17.584	25.713
Hansen J （p）	0.509 (0.476)	1.031 (0.310)	0.109 (0.741)	0.142 (0.706)

注：***、**和*分别代表 1％、5％和 10％的显著性水平,括号内为稳健标准误。

四、异质性分析

我们进一步将研究样本按照企业规模、企业产权性质、所在地区以及所属行业进行细分,以考察公众环境诉求对企业污染排放影响的异质性,实证结果如表 7.8 所示。根据国家统计局发布的《统计上大中小微型企业划分办法（2017）》,工业企业从业人员超过 1 000 人为大型企业,从业人员介于 300—1 000 人的为中型企业。基于此标准,我们按照从业人员数量将工业企业划分为大中型企业和小型企业,公众环境诉求对不同企业规模 COD 排放的影响如第(1)、(2)列所示。可以看出,公众环境诉求对大中型企业污染排放具有显著的抑制效应,但对小型企业污染排放并不存在显著的影响。表 7.8 第(3)、(4)列报告了公众环境诉求微观减排效应在企业产权性质方面的异质性。可以看出,公众环境诉求对国有企业污染排放具有显著的负向影响,而对非国有企业的影响并不显著,这表明国有企业对公众环境评价的敏感度更高,国有企业更注重公众环境诉求所引发的舆论压力和企业负面评价,该结论与黎文靖和路晓燕(2015)的研究基本一致。从区域层面讲,如第(5)、(6)列所示,东部地区公众环境诉求的系数显著为负,而中西部地区公众环境诉求的系数并不显著,这表明公众环境诉求对企业污染排放的影响存在显著的区域差异。此外,根据《第一次污染源全国普查方案》,造纸及纸制品业、农副食品加工业、化学原料及化学制品制造业、纺织业、黑色金属冶炼及压延加工业、食品制造业、电力/热力的生产和供应业、皮革毛皮羽毛(绒)及其制品业、石油加工/炼焦及核燃料加工业、非金属矿物制品业、有色金属冶炼及压延加工业这 11 个行业被划定为重点关注的重污染行业。基于此,我们将研究样本按照所属行业分为重污染行业和一般污染行业两类,回归结果如表 7.8 第(7)、(8)列所示。研究得到,公众环境诉求对重污染企业 COD 排放并不存在显著影响,对一般污染企业 COD 排放具有显著的抑制作用。

　　总而言之,异质性分析结果表明,大中型企业、国有企业、东部地区企业以及一般污染类企业的污染减排更易受到公众环境诉求的影响,而小型企业、非国有企业、中西部企业以及重污染型企业更倾向于"诉求漠视"。我们认为,大中型企业和国有企业

表 7.8 公众环境诉求对企业污染排放影响的异质性分析结果

变　量	(1) 大中型	(2) 小　型	(3) 国　有	(4) 非国有	(5) 东　部	(6) 中西部	(7) 重污染行业	(8) 一般污染行业
$\ln serp$	−0.014*** (.004)	−0.004 (0.004)	−0.022*** (0.007)	−0.002 (0.003)	−0.007* (0.003)	−0.006 (0.005)	−0.006 (0.004)	−0.010** (0.004)
$\ln age$	0.029 (0.019)	0.011 (0.019)	0.059 (0.037)	0.044*** (0.016)	0.058*** (0.018)	0.052*** (0.020)	0.048*** (0.017)	0.053** (0.022)
$\ln size$	0.211*** (0.025)	0.115*** (0.018)	0.116*** (0.036)	0.171*** (0.015)	0.196*** (0.019)	0.143*** (0.021)	0.124*** (0.018)	0.263*** (0.023)
$\ln scale$	0.253*** (0.033)	0.087*** (0.019)	0.188*** (0.032)	0.105*** (0.013)	0.155*** (0.015)	0.150*** (0.020)	0.107*** (0.016)	0.151*** (0.019)
roa	−0.053 0 (0.077)	−0.086 0 (0.053)	−0.027 0 (0.141)	−0.049 0 (0.044)	0.101* (0.054)	−0.202*** (0.068)	−0.112** (0.054)	0.103 (0.072)
$\ln output$	0.269*** (0.022)	0.198*** (0.015)	0.250*** (0.030)	0.232*** (0.013)	0.156*** (0.015)	0.280*** (0.019)	0.271*** (0.016)	0.186*** (0.019)
$patent$	−0.011*** (0.004)	0.002 (0.005)	−0.041*** (0.009)	−0.005* (0.003)	−0.003 (0.004)	−0.029*** (0.006)	−0.010** (0.005)	−0.025*** (0.004)

续表

变量	(1) 大中型	(2) 小型	(3) 国有	(4) 非国有	(5) 东部	(6) 中西部	(7) 重污染行业	(8) 一般污染行业
lncgdp	−0.129 (0.098)	−0.364*** (0.095)	−0.406*** (0.146)	−0.223*** (0.076)	−0.991*** (0.082)	0.475*** (0.109)	−0.277*** (0.089)	−0.360*** (0.100)
popdes	−0.034*** (0.009)	−0.024*** (0.006)	−0.084*** (0.016)	−0.025*** (0.005)	−0.025*** (0.005)	−0.096*** (0.017)	−0.028*** (0.006)	−0.045*** (0.008)
secrate	1.037*** (0.306)	2.493*** (0.291)	1.880*** (0.483)	1.776*** (0.226)	1.905*** (0.272)	−2.221*** (0.359)	1.982*** (0.263)	1.832*** (0.318)
常数项	−2.786*** (0.733)	0.869 (0.633)	0.594 (1.069)	−0.881* (0.517)	5.058*** (0.606)	−3.813*** (0.710)	0.355 (0.667)	−1.845*** (0.694)
控制企业效应	是	是	是	是	是	是	是	是
控制行业效应	是	是	是	是	是	是	是	是
控制年份效应	是	是	是	是	是	是	是	是
观测值	171 891	242 320	86 531	327 680	246 156	168 055	244 682	169 529
R^2	0.473	0.384	0.180	0.530	0.531	0.376	0.466	0.457

注：***、**和*分别代表1%、5%和10%的显著性水平，括号内为稳健标准误。

的污染问题更易引发公众的环境关注,同时这些企业与政府的关系更为密切,从而能够积极应对环境舆论压力和政府的环境规制并及时减少污染排放。与中西部地区相比,东部地区经济发展水平和环境规制水平更高,公众的绿色环保意识更强,企业对公众的环境诉求也更为重视。重污染企业存在的"诉求漠视"问题可能意味着,地方政府存在"重发展、轻环境"的狭隘思想,使得严重污染企业存在舆论不理会、减污不到位、治污不达标等问题,因此,政府和环保部门必须要加强对重污染企业的环境监管。

第四节　进一步讨论

一、公众环境敏感度对公众环境诉求减排效应的影响

理论分析得到,随着公众环境敏感度的提升,公众环境诉求的边际减排效应呈递减趋势,本部分采用交互项回归对此进行验证。具体来讲,我们用各地区环境信访数量的对数表示公众环境敏感度,其与公众环境诉求的交互项用变量 $\ln le \times \ln serp$ 表示,实证结果见表 7.9。该表中第(1)、(2)列对应的被解释变量为企业 COD 排放量,第(3)、(4)列被解释变量为企业 COD 排放强度,奇数列是基本回归结果,偶数列是稳健性回归结果。可以看出,公众环境诉求的系数显著为负,公众环境诉求与公众环境敏感度交互项的系数显著为正,这意味着,随着公众环境敏感度的提升,公众环境诉求的边际减排效应呈递减趋势。

表7.9 考虑公众环境诉求与公众环境敏感度
交互影响的回归分析结果

变　量	(1)	(2)	(3)	(4)
ln*serp*	−0.114*** (0.021)	−0.114*** (0.021)	−0.161*** (0.036)	−0.161*** (0.035)
ln*le*×ln*serp*	0.011*** (0.002)	0.011*** (0.002)	0.016*** (0.004)	0.016*** (0.004)
ln*age*	0.040*** (0.009)	0.040*** (0.013)	0.049*** (0.015)	0.049** (0.022)
ln*size*	0.176*** (0.010)	0.176*** (0.014)	0.254*** (0.017)	0.254*** (0.024)
ln*scale*	0.124*** (0.009)	0.124*** (0.012)	0.104*** (0.016)	0.104*** (0.020)
roa	−0.047 0 (0.038)	−0.047 0 (0.043)	−0.094 0 (0.064)	−0.094 0 (0.070)
ln*output*	0.240*** (0.009)	0.240*** (0.012)	−0.672*** (0.015)	−0.672*** (0.020)
patent	−0.014*** (0.003)	−0.014*** (0.003)	−0.021*** (0.005)	−0.021*** (0.005)
ln*cgdp*	−0.305*** (0.041)	−0.305*** (0.066)	−0.534*** (0.070)	−0.534*** (0.110)
popdes	−0.033*** (0.004)	−0.033*** (0.005)	−0.072*** (0.007)	−0.072*** (0.008)
secrate	1.786*** (0.132)	1.786*** (0.202)	2.495*** (0.223)	2.495*** (0.333)
常数项	−0.537* (0.289)	−0.537 (0.457)	2.677*** (0.488)	2.677*** (0.767)
控制企业效应	是	是	是	是
控制行业效应	是	是	是	是

变　量	(1)	(2)	(3)	(4)
控制年份效应	是	是	是	是
观测值	414 206	414 206	414 206	414 206
R^2	0.462	0.462	0.293	0.293

注：环境信访数量缺少来自西藏的数据，故而该表观测值数据少于 414 211；奇数列括号内为基本标准误，偶数列括号内为稳健标准误。***、**、*分别代表 1%、5%、10%的显著性水平。

二、公众环境诉求对环境规制力度的影响检验

前文通过理论分析可知，公众环境诉求所引发的舆论压力通过对政府的环境规制行为施加影响进而影响企业污染排放，公众环境诉求在一定程度上发挥了非正式环境规制的作用。同时，现有研究也提出了类似的观点，并成为验证该理论合理性的重要佐证。Kathuria(2007)认为，公众通过两种方式影响污染治理：一是向监管机构表达其污染治理的诉求；二是向监管机构施压迫使其加大环境管制力度。Dong et al.(2011)和 Zhang et al.(2017)的研究结果均得到，公众环境投诉有助于环境监管部门控制污染排放。郑思齐等(2013)认为，公众通过两种途径影响环境污染治理：一是公众通过举报、信访等方式直接向所在地区的地方政府反映当地企业的污染排放状况，并提出环境污染治理的具体要求；二是公众通过集会、游行、上访、举报等行为推动上级政府对地方政府的环保行为进行监督和干预，从而促进下级政府加强环境污染治理。显然，上述文献均意识到政府环境规制行为在公众环境参与和企业污染排放行为中的中介作用。基

于理论模型假说和文献汇总结论，我们考察了公众环境诉求对政府环境规制力度的影响，实证结果如表 7.10 所示。

表 7.10　公众环境诉求对政府环境规制影响的实证检验

变　量	(1)	(2)	(3)
	erule	ln*epuni*	*charge*
ln*serp*	0.006***	0.008***	0.000 2***
	(0.002)	(0.001)	(0.000 1)
ln*age*	−0.002	0.010***	−0.001*
	(0.005)	(0.004)	(0.000 3)
ln*size*	−0.015**	−0.005	0.003***
	(0.007)	(0.004)	(0.000 3)
ln*scale*	0.005	0.013***	0.000 2
	(0.005)	(0.004)	(0.000 3)
roa	−0.022 0	−0.021*	0.003***
	(0.027)	(0.012)	(0.001)
ln*output*	−0.013**	0.000 1	0.000 1
	(0.006)	(0.004)	(0.000 3)
patent	−0.004*	−0.004***	0.000 04
	(0.002)	(0.001)	(0.000 1)
ln*cgdp*	−0.045**	−0.246***	0.024***
	(0.022)	(0.020)	(0.002)
popdes	−0.021***	−0.030***	−0.001***
	(0.003)	(0.002)	(0.000 1)
secrate	−0.766***	0.098 0	−0.198***
	(0.070)	(0.070)	(0.007)
常数项	2.014***	8.878***	0.055***
	(0.163)	(0.136)	(0.014)

续　表

变　量	(1)	(2)	(3)
	erule	ln*epuni*	*charge*
控制企业效应	是	是	是
控制行业效应	是	是	是
控制年份效应	是	是	是
观测值	414 206	414 206	414 206
R^2	0.080	0.117	0.171

注：***、**和*分别代表1%、5%和10%的显著性水平，括号内为稳健标准误。

表7.10中第(1)、(2)列被解释变量表示命令型环境规制，第(3)列被解释变量为市场激励型环境规制。从 ln*serp* 的系数符号可以看出，随着公众环境诉求的增加，政府颁布的环境法规数量、环境行政处罚案件数以及排污费占比均有所增加，这表明，随着公众环境诉求水平的提高，政府加大了环境规制力度。我们认为公众环境诉求之所以能有效刺激政府加强环境规制，主要有两方面的原因：第一，本研究所指的公众包含社会团体，如社会媒体或环境非正式组织，其中，媒体的环境负面报道是约束政府环境管制行为的重要力量，而环境非政府组织成立的目的便是与政府合作并监督政府行为、制约企业的外部不经济性行为(伊媛媛和张发坤，2009)。第二，就普通公众而言，其在网络上表达环境诉求的同时可能伴随网络举报、投诉等行为，这将不可避免地增加公众与政府的互动，推动政府加强环境监管。同时，随着公众环境诉求的增加，其诉求可能被社会团体进一步关注，通过强大的舆论压力和滚雪球效

应，公众环境诉求便发挥了非正式环境规制的作用，从而促使政府提升环境规制水平。

第五节　总结性评论

　　环境污染治理是我国实现高质量发展亟待解决的关键问题之一，也是贯彻落实"十四五"规划中提出的构建生态文明体系、推动经济社会发展全面绿色转型和建设美丽中国的基本要求。环境污染治理不能仅依靠政府加大环境规制力度来解决，这是涉及政府、企业和公众等多方利益主体的共同参与行为（韩超等，2016）。在污染治理过程中，如何调动公众参与环境污染治理的积极性，发挥企业在减排中的主体作用对构建多层次环境治理体系、建设山清水秀、天蓝地绿的美丽中国具有重要意义。在此背景下，本章主要基于中国工业企业数据库、中国工业企业污染排放数据库和专利统计数据库匹配得到的 1998—2012 年 11.43 万家企业的 41.42 万个样本观测值，通过百度环境搜索构造了公众环境诉求水平的度量指标，进而采用多种计量工具进行了实证检验。研究得到：（1）公众环境诉求有助于抑制企业污染排放，多种形式的稳健性检验进一步证明了该结论的可靠性；（2）从时间滞后效应讲，公众环境诉求对企业污染排放的影响具有一定的即时性，上期公众环境诉求已经对企业当期污染排放不存在显著影响；（3）在异质性方面，公众环境诉求对企业污染排放的影响存在规模差异、产权属性差异、区域差异和行业差异，大中型企业、国有企业、东部地区企业和一般污染企业的污染排放受公众环境诉求的影响更大；（4）随着公众环境诉求的增加和减排舆论压力的增强，政府将加大环境规制力度。上述研究结论对构建合理的环境规制体系和建设美丽中国具有重要的政策启示。

第八章 研究结论和政策建议

第一节 研究结论

我国环境污染治理以政府实施的正式环境规制手段为主导,具体包括行政命令型环境规制、市场激励型环境规制以及自愿性环境规制。而随着公众环保意识的增强,互联网的日益普及和信息技术突飞猛进的发展,公众环境参与在污染治理中发挥了越来越重要的作用,公众在网络媒体上表达环境诉求也成为公众参与环境问题的重要途径。在此基础上,本书从理论和实证两方面分析了正式环境规制和公众环境诉求对污染排放的具体影响及作用路径。具体来讲,我们得到如下研究结论。

根据演化博弈理论考察以地方政府和排污企业为主体的正式环境规制与污染排放的关系,研究发现,净收益大小是决定企业和政府治污态度的决定性因素。政府是否采取环境规制策略与净收益密切相关,若要促使地方政府提高环境规制强度,一方面要降低环境规制成本,提高政府部门工作效率,另一方面要设法提高政府部门收益。在无政府监管时,排污企业并没有积极减排的动机,因此,要促使企业积极进行节能减排,政府部门必须通过实行严格的环境规制措施倒逼企业的减排改革。同理,考察正式环境规制下排污企业与以公众参与为代表的非正式环境规制的关系,可以得到,净收益是决定排污企业治污态度和公众环境参与程度的根本决定因素,排污企业是否积极应对污染问题主要取决于污染削减成本、官方税率、污染治理成效,公众环境参与程度受环境污染损失、企业污染排放量、税率及单位补偿额的影响。若公众参与度较高,即使排污企业的净收益一般,企业将会采取积极型策略。相反,若公众参与度较低,企业在一般收益面前会采取消极的治污应对措施。换句话说,公众环境参与度是影响企业污染排放决策的重要因素。公众环境参与度受企业排污态度的影响,两大博弈主体的行为存在此消彼长的关系。

基于动态优化分析方法考察正式环境规制对污染排放的影响,我们可以得到:排污收费制度能够实现利润与环保的双赢;企业最优污染排放量与政府部门制定的税率呈反相关关系,即正式环境规制强度的提高有助于促使企业降低最优污染排放水平,正式环境规制对环境污染具有一定的促减效应。基于同样的分析方法考察正式环境规制条件下公众环境诉求对污染排放的影响,可以得到如下两个结论:一是,公众环境诉求对企业污染排放具有抑制作用,而且随着公众环境敏感度的提升,公众环境诉求的边际减排效应呈递减趋势;二是,在一定条件下,公众环境诉求有助于促使政府提高环境规制力度,且环境规制效率越高,公众环境诉求的边际规制效应越强。

理论上讲,技术创新是作用于正式环境规制与污染排放关系的第一条传导机制,然而,在正式环境规制下,技术创新既可能通过"创新制约论"也可能通过"波特假说论"影响污染排放量,因此,技术创新是否能减少正式环境规制下的污染排放具有一定的不确定性。污染转移效应是正式环境规制能否产生减排效应的第二条作用路径。污染产业转移尽管可能会降低转出地的污染水平,但转入地的污染可能会有所增加,从而形成"污染泄漏效应"。公众环境诉求主要通过两种途径影响污染排放:政府环境规制的实施是公众环境诉求产生减排效应的第一种作用机制,公众向政府部门反映其环境污染治理的诉求,政府部门进而采取正式环境规制措施干预企业(个体)的污染排放状况;企业策略选择是公众环境诉求产生减排效应的第二条触发机制。公众环境诉求和媒体关注引发的舆论压力不可避免地会引发地方政府乃至中央政府的关注,面对舆情压力企业是否进行实质性绿色转型直接关系其污染排放水平。

基于 GSSLS 模型实证检验正式环境规制对大气污染的影响,我们可以得到,在全国样本下我国雾霾污染存在显著的空间溢出效应。命令型环境规制是否能发挥减霾效应取决于其实施类型,通常,环境行政处罚和环境规章制定难以起到抑制雾霾污染的作用,而环境法规制定对雾霾污染具有显著的抑制作用,即以政府主导的行政命令型环境规制存在一定的政策失灵现象。基于市场工具的激励型环境规制则显著降低了雾霾污染程度。自愿性环境规制的减排效应具有一定的脆弱性。绿色技术进步在行政命令型环境规制减排效应的发挥方面起到了重要的推动作用,但对市场激励型和自愿性环境规制减排效应并没有发挥应有的传导效果。污染产业转移恶化了行政命令型和市场激励型环境规制的减排效果,不过对自愿性环境规制的减排效应并没有发挥传导机制的作用。

进一步以环境法治强化为例,从微观视角考察命令型环境规制对企业污染排放的影响,结果得到,环保法庭设立并没有起到缓解企业污染排放的效果,反而,环保法庭设立加剧了企业污染排放,多种形式的稳健性考察进一步强化了该结论。

基于 2011 年 6 月至 2015 年 10 月北京市微博数据的研究显示,微博原创或转发行为与雾霾污染程度有很强的相关性,其在反映空气质量信息方面具有很强的即时性。在一定的条件下,全部微博用户或大 V 用户的原创和转发行为交互影响能起到缓解雾霾污染的作用,网络用户的原创和转发行为具有强大的舆论功效和非正式的环境规制效应。与微博所有用户原创和转发行为都具有减霾效应的结论不同,大 V 用户转发行为的减霾效应高于原创行为。2012 年底是重要的结构突变时间,在此之后,转发所表征的网络媒体关注的减霾效应有所增强,不论在突变时间前后,原创均没有发挥减霾效应。环境污染监管有助于发挥网络媒体关注的减霾效应,不过环境保护立法的中间传导作用较小。

基于 1998—2012 年 11.43 万家企业、41.42 万个样本观测值,关于公众环境诉求对企业污染排放影响的研究显示,公众环境诉求有助于抑制企业污染排放,多种形式的稳健性检验进一步证明了该结论的可靠性。从时间滞后效应看,公众环境诉求对企业污染排放的影响具有一定的即时性,上期公众环境诉求已经对企业当期污染排放不存在显著影响。在异质性方面,公众环境诉求对企业污染排放的影响存在规模差异、产权属性差异、区域差异和行业差异,大中型企业、国有企业、东部地区企业和一般污染企业的污染排放受公众环境诉求的影响更大。随着公众环境诉求的增加和减排舆论压力的增强,政府将加大环境规制力度。

第二节　政　策　建　议

一、持续推进联防联控

根据上述研究可知,我国大气污染在时空分布上呈现出两大特点:动态连续性和空间溢出性。大气污染的时空分布特征意味着,"单边"治霾可能会由于区域间的污染泄漏而事倍功半,可见,我国污染治理应该坚持区域联防联控的方针和对策。从根本上讲,区域联防联控的关键在于各地方政府积极打破行政界限与市场分割,就区域整体利益达成共识,从而在总体的环境约束条件下实现区域内部个体的经济成本最小化或经济利益与生态效益的最大化。为此,应该形成统一的区域环境管理法规、标准和政策体系,构建统一的环境污染监测平台,建立和完善区域内与区域间的污染补偿机制,形成合理的利益协调机制,加强区域联合环境执法与监督力度,实行区域环境信息共享机制和联合预警机制,实现污染治理的一体化。

二、充分发挥市场机制的作用

市场激励型环境规制对污染减排具有重要的促进作用,因此,环境污染治理需要继续推动环境领域的市场机制改革。具体来讲:(1)明确界定资源产权,建立合理的资源价格体系。目前,我国的资源特别是能源价格没有反映其使用导致的机会成本,能源低价增加了能源消耗,加剧了环境污染的成分来源。

237

因此,必须将产权明晰化,依据"谁污染、谁付费"的原则,使资源价格内生于市场化机制,使企业在生产过程中考虑环境成本,以削减环境污染损失。(2)继续推行排污许可证交易和碳排放交易。如果企业实际污染(碳)排放量低于许可排放量,企业便可将多余的排污量或碳排量进行转卖,由此可见,排污(碳排放)许可证交易是一种市场化工具。如果企业排放的污染或二氧化碳过多,必须通过购买许可才得以排放,这无疑会增加企业成本,影响企业利润的增加和竞争能力的提升,因此,如果企业要想在竞争中得以生存,必须依靠绿色科技进步或企业区位选择以减排降污。同时,为了使排污许可交易或碳排放交易能够正常进行,必须建立统一、公平、规范的交易市场。(3)市场机制具有一定的自律能力,要充分发挥其功能需要考虑以下三个方面:首先,必须引入市场准入制度,要保障各种不同类型市场主体的合法权益不受到侵犯,为经济健康良性发展创造稳定的市场环境;其次,加强对市场活动的监督,严格规范市场主体的活动,对偷排漏排等地下经济行为以及政企合谋、腐败等违法行为加大惩罚力度;再次,增强产业自律意识。排污企业要提高污染治理能力,应该增加环境保护投资、引进清洁产品和设备以及先进的工艺和技术,从产业链和供应链角度减少来自生产环节的环境污染成本。

三、提升政府环境规制水平

根据本研究对正式环境规制的减排效果进行实证检验可知,行政命令型环境规制发挥减排效应具有一定的条件性,环境行政处罚和环境规章难以起到抑制大气污染的作用,以环保法庭设立为代表的环境法制强化也难以有效降低企业污染排放，因此，我国行政命令型环境规制水平还有待进一步提升。具体来讲，我们认为应该从立法和执法两方面发力来打好污染防治攻坚战，并助力经济增量提质。

第一，运用法治手段保护生态环境，切实发挥制度和法治在生态文明建设中的硬约束作用，不断完善环境保护法律体系，加强环境立法，聚焦主体界定、责任划分等问题，及时梳理修订相关环保法律法规。以改善生态环境质量为核心，根据流域、区域、行业特点，增强立法针对性、可操作性，研究环境法律实施过程中遇到的难题障碍，及时出台配套规章和实施细则。

第二，推进环境司法改革，完善环境诉讼制度。作为环境司法专门化的产物，环保法庭在解决环境纠纷，加强环境执法，推动环境公益诉讼制度发展等方面均发挥了重要的作用。受目前司法制度本身局限性和社会经济制度的制约，环保法庭的纠纷解决实效却并不如理想预期。因此，应该继续完善环境公益诉讼的法律规定，促进地方检察院有效落实相关制度，发挥环境司法监督对绿色创新和减排降污的推动作用。加强环境法庭建设的当务之急是要明确和拓宽环境法庭的受案范围，让更多的环境纠纷得以通过司法程序有效解决。环保法庭能够有效发挥作用的关键是要激活地方横向监督机制，这就需要保持地方检察院相对于地方政府的独立性和权威性，从而及时纠正地方政府环境规制的执行偏差行为。地方政府需要按照公益诉讼的诉前检察建议积极整改，扩大用于环境污染治理以及绿色创新领域的投资，严格执行中央环境规制政策，在严厉打击环境违法案件的同时建立长效的环境治理机制，杜绝环保治理的"面子工程"。

同时,在地方政府的绩效考核中纳入公益诉讼和检察建议办理情况。

第三,加强环境执法建设,提升环境执法水平。深化综合行政执法体制改革,进一步提高机构规范化水平,进一步提高装备现代化水平,进一步提高队伍专业化水平。进一步聚焦重点领域、重点区域、重点时段,持续深入落实问题精准、时间精准、区位精准、对象精准和措施精准这"五个精准"。聚焦大案要案查办,不断提升发现问题能力,严厉惩处恶意违法,切实发挥典型案例示范、警示、指导作用。打牢执法根基,强化日常监督执法、加快完善非现场监管执法模式,紧盯紧抓群众身边突出环境问题,综合运用信息披露、公开曝光等手段,充分发挥舆论监督的压力传导作用。

四、充分发挥公众环境诉求在污染治理中的积极作用

第一,提升公众环保意识,加强环保宣传。只有提高公众的环保意识,让"绿色消费""生态消费"的观念深入人心,才能促使公众积极参与环境保护中,因此应该加大对环保教育的推进,提升公众关于环保知识、环保技能的环境素养。具体来讲,一是要加大民主观念的推广,使公众意识到自己在环保过程中的主体地位,打破传统观念束缚。二是加强对污染减排和环境保护的宣传,政府要积极向公众传达环境保护信息,不断丰富宣传内容,减少公众的资源浪费或破坏环境等行为。在宣传手段上,除加大在报纸、杂志、宣传栏等传统工具的环保信息传播外,随着互联网技术的日益普及以及公众受教育程度的不断提高,可以采用网络媒体等新型传播媒介来加大对环保知识的宣传力度,

提升公众的环保意识。

第二,完善环境保护中公众参与的法律制度。具体来讲,可从以下三个方面保障公众在参与环境污染问题的权利。首先,支持公众参与环境问题的具体立法,这就要求各地方环境保护相关部门按照法律的有关规定,结合地方具体情况,从法律上支持公众对环境污染事件的参与。比如,《环境影响评价公众参与暂行办法》便从法规上保障了公众参与环境保护的权利。其次,建立和完善环境事件的公益诉讼制度。环境公益诉讼是公民环保意识得以提高的重要表现,同时也是保障公民合法权益、解决公民与企业间环境污染问题的重要依据。此外,环境公益诉讼制度的完善能够保证环境决策的民主化,并推动我国的法制化建设,因此,必须要积极建立和完善环境领域的公益诉讼制度。再次,逐步完善公众对环境问题参与权的相关制度。环境参与权包括公民在环境立法、环境决策和环境执法等方面的权利,完善的环境参与权制度能够提升公众参与环保问题的积极性,加强公众对政府部门环境执法以及企业污染排放的监督,从而有助于提高政府环境监管水平,减少企业污染排放。

第三,完善信息公开制度,拓宽信息流通渠道。环境信息公开是为了尊重和维护公众的知情权,政府和企业及其他相关部门向公众公开各自的环境信息和行为。环境信息公开,既有利于公众更多地了解政府或企业环境信息、污染排放、环境治理等方面的内容,又有利于促使公众积极参与环境监督工作中来,从而实现政府、企业、公众三者关系的良性互动。为此,政府部门必须加强环境污染突发事件的预警应急管理,并及时公开相关信息。除环保相关机构积极公布环境信息外,企业也要加强环境风险管理,及时公开污染排放和处理信息。要建立和完善环境应急管理体系,通过法律形式积极推进环境信息公开制度的建设。

总而言之,环境污染治理是一项复杂的系统工程,环境污染的有效防治有赖于政府、公众以及企业三方力量的公共参与。只有将政府环境规制的权威性、公众环境参与的广泛性相结合,才能形成多种力量参与、互相监督与协调的综合性的环境规制体系,才能推动生态文明体系的完善,实现"绿水青山"的美好愿景。

参考文献

中文文献

［1］ ［美］埃莉诺·奥斯特罗姆.公共事务的治理之道：集体行动制度的演进［M］.余逊达,陈旭东译,上海三联书店,2000.

［2］ 包群,邵敏,杨大利.环境管制抑制了污染排放吗? ［J］.经济研究,2013,48(12)：42-54.

［3］ 曾丽红.我国环境规制的失灵及其治理——基于治理结构、行政绩效、产权安排的制度分析［J］.吉首大学学报(社会科学版),2013,34(04)：73-78.

［4］ 柴盈,曾云敏.奥斯特罗姆对经济理论与方法论的贡献［J］.经济学动态,2009(12)：100-103.

［5］ 常雪飞.垄断竞争市场中排污税对环境技术扩散的影响研究［J］.求索,2009(10)：12-14.

［6］ 陈登科.贸易壁垒下降与环境污染改善——来自中国企业污染数据的新证据［J］.经济研究,2020,55(12)：98-114.

［7］ 陈林.中国工业企业数据库的使用问题再探［J］.经济评论,2018(06)：140-153.

［8］ 陈诗一,陈登科.雾霾污染、政府治理与经济高质量发展［J］.经济研究,2018,53(02)：20-34.

［9］ 陈诗一,张建鹏,刘朝良.环境规制、融资约束与企业污染减排——来自排污费标准调整的证据［J］.金融研究,2021(09)：51-71.

［10］ 陈真玲,王文举.环境税制下政府与污染企业演化博弈分析［J］.管理评论,2017,29(05)：226-236.

［11］ 崔广慧,姜英兵.环境规制对企业环境治理行为的影响——基于新《环保法》的准自然实验［J］.经济管理,2019,41(10)：54-72.

[12] 邓慧慧,杨露鑫.雾霾治理、地方竞争与工业绿色转型[J].中国工业经济,2019(10):118-136.

[13] 丁绪武,吴忠,夏志杰.社会媒体中情绪因素对用户转发行为影响的实证研究——以新浪微博为例[J].现代情报,2014,34(11):147-155.

[14] 董直庆,王辉.环境规制的"本地—邻地"绿色技术进步效应[J].中国工业经济,2019(01):100-118.

[15] 杜龙政,赵云辉,陶克涛等.环境规制、治理转型对绿色竞争力提升的复合效应——基于中国工业的经验证据[J].经济研究,2019,54(10):106-120.

[16] 范子英,赵仁杰.法治强化能够促进污染治理吗? ——来自环保法庭设立的证据[J].经济研究,2019,54(03):21-37.

[17] 方颖,郭俊杰.中国环境信息披露政策是否有效:基于资本市场反应的研究[J].经济研究,2018,53(10):158-174.

[18] 韩超.制度影响、规制竞争与中国启示——兼析规制失效的形成动因[J].经济学动态,2014(04):66-76.

[19] 韩超,张伟广,单双.规制治理、公众诉求与环境污染——基于地区间环境治理策略互动的经验分析[J].财贸经济,2016(09):144-161.

[20] 韩超,张伟广,冯展斌.环境规制如何"去"资源错配——基于中国首次约束性污染控制的分析[J].中国工业经济,2017(04):115-134.

[21] 韩文科,朱松丽,高翔等.从大面积雾霾看改善城市能源环境的紧迫性[J].价格理论与实践,2013(04):27-29.

[22] 郝江北.雾霾产生的原因及对策[J].宏观经济管理,2014(03):42-43.

[23] 何枫,马栋栋.雾霾与工业化发展的关联研究——中国 74 个城市的实证研究[J].软科学,2015,29(06):110-114.

[24] 何贤杰,王孝钰,赵海龙等.上市公司网络新媒体信息披露研究:基于微博的实证分析[J].财经研究,2016,42(03):16-27.

[25] 何小钢,张耀辉.行业特征、环境规制与工业 CO_2 排放——基于中国工业 36 个行业的实证考察[J].经济管理,2011,33(11):17-25.

[26] 贺灿飞,吴晟,杨晟朗.环境规制效果与中国城市空气污染[J].自然

资源学报,2013,28(10):1651-1663.

[27] 侯伟丽,方浪,刘硕."污染避难所"在中国是否存在?——环境管制与污染密集型产业区际转移的实证研究[J].经济评论,2013(04):65-72.

[28] 胡洁,于宪荣,韩一鸣.ESG评级能否促进企业绿色转型?——基于多时点双重差分法的验证[J].数量经济技术经济研究,2023,40(07):90-111.

[29] 胡珺,黄楠,沈洪涛.市场激励型环境规制可以推动企业技术创新吗?——基于中国碳排放权交易机制的自然实验[J].金融研究,2020(01):171-189.

[30] 胡志高,李光勤,曹建华.环境规制视角下的区域大气污染联合治理——分区方案设计、协同状态评价及影响因素分析[J].中国工业经济,2019(05):24-42.

[31] 黄德春,刘志彪.环境规制与企业自主创新——基于波特假设的企业竞争优势构建[J].中国工业经济,2006(03):100-106.

[32] 蒋伏心,王竹君,白俊红.环境规制对技术创新影响的双重效应——基于江苏制造业动态面板数据的实证研究[J].中国工业经济,2013(07):44-55.

[33] 江珂.我国环境规制的历史、制度演进及改进方向[J].改革与战略,2010,26(06):31-33.

[34] 蒋伟杰,张少华.中国工业二氧化碳影子价格的稳健估计与减排政策[J].管理世界,2018,34(07):32-49+183-184.

[35] 金刚,沈坤荣.以邻为壑还是以邻为伴?——环境规制执行互动与城市生产率增长[J].管理世界,2018,34(12):43-55.

[36] 景维民,张璐.环境管制、对外开放与中国工业的绿色技术进步[J].经济研究,2014,49(09):34-47.

[37] 寇宗来,刘学悦.中国企业的专利行为:特征事实以及来自创新政策的影响[J].经济研究,2020,55(03):83-99.

[38] 黎文靖,路晓燕.机构投资者关注企业的环境绩效吗?——来自我国重污染行业上市公司的经验证据[J].金融研究,2015(12):97-112.

[39] 李钢,李颖.环境规制强度测度理论与实证进展[J].经济管理,

2012,34(12)：154-165.

[40] 李井林,阳镇,陈劲等.ESG 促进企业绩效的机制研究——基于企业创新的视角[J].科学学与科学技术管理,2021,42(09)：71-89.

[41] 李青原,肖泽华.异质性环境规制工具与企业绿色创新激励——来自上市企业绿色专利的证据[J].经济研究,2020,55(09)：192-208.

[42] 李树,陈刚.环境管制与生产率增长——以 APPCL2000 的修订为例[J].经济研究,2013,48(01)：17-31.

[43] 李树,翁卫国.我国地方环境管制与全要素生产率增长——基于地方立法和行政规章实际效率的实证分析[J].财经研究,2014,40(02)：19-29.

[44] 李卫兵,张凯霞.空气污染对企业生产率的影响——来自中国工业企业的证据[J].管理世界,2019,35(10)：95-112+119.

[45] 李小平,卢现祥.国际贸易、污染产业转移和中国工业 CO_2 排放[J].经济研究,2010,45(01)：15-26.

[46] 李欣,杨朝远,曹建华.网络舆论有助于缓解雾霾污染吗?——兼论雾霾污染的空间溢出效应[J].经济学动态,2017(06)：45-57.

[47] 李欣,顾振华,徐雨婧.公众环境诉求对企业污染排放的影响——来自百度环境搜索的微观证据[J].财经研究,2022,48(01)：34-48.

[48] 李毅,胡宗义,周积琨等.环境司法强化、邻近效应与区域污染治理[J].经济评论,2022(02)：104-121.

[49] 李永友,沈坤荣.我国污染控制政策的减排效果——基于省际工业污染数据的实证分析[J].管理世界,2008(07)：7-17.

[50] 李勇,李振宇,江玉林等.借鉴国际经验探讨城市交通治污减霾策略[J].环境保护,2014,42(Z1)：75-77.

[51] 梁平汉,高楠.人事变更、法制环境和地方环境污染[J].管理世界,2014(06)：65-78.

[52] 梁琦,丁树,王如玉等.环境管制下南北投资份额、消费份额与污染总量分析[J].世界经济,2011,34(08)：44-65.

[53] 林伯强,邹楚沅.发展阶段变迁与中国环境政策选择[J].中国社会科学,2014(05)：81-95+205-206.

[54] 刘德海.环境污染群体性突发事件的协同演化机制——基于信息传

播和权利博弈的视角[J].公共管理学报,2013,10(04):102-113+142.

[55] 刘海洋,唐晓.数字偏好对经营绩效的影响——以企业电话号码为例[J].统计研究,2014,31(06):83-90.

[56] 刘金科,肖翊阳.中国环境保护税与绿色创新:杠杆效应还是挤出效应?[J].经济研究,2022,57(01):72-88.

[57] 陆旸.中国的绿色政策与就业:存在双重红利吗?[J].经济研究,2011,46(07):42-54.

[58] 马丽梅,刘生龙,张晓.能源结构、交通模式与雾霾污染——基于空间计量模型的研究[J].财贸经济,2016,37(01):147-160.

[59] 聂辉华,江艇,杨汝岱.中国工业企业数据库的使用现状和潜在问题[J].世界经济,2012,35(05):142-158.

[60] 潘爱玲,刘昕,邱金龙等.媒体压力下的绿色并购能否促使重污染企业实现实质性转型[J].中国工业经济,2019(02):174-192.

[61] 潘峰,西宝,王琳.基于演化博弈的地方政府环境规制策略分析[J].系统工程理论与实践,2015,35(06):1393-1404.

[62] 潘家华,邹骥,汪同三等.新冠疫情对生态文明治理体系与能力的检视:问题反思与完善提升[J].城市与环境研究,2020(01):3-19.

[63] 彭海珍,任荣明.环境政策工具与企业竞争优势[J].中国工业经济,2003(07):75-82.

[64] 彭旭辉,彭代彦.中国城镇化发展的变结构协整分析:财政分权视角[J].武汉大学学报(哲学社会科学版),2017,70(01):50-61.

[65] 齐绍洲,林屾,崔静波.环境权益交易市场能否诱发绿色创新?——基于我国上市公司绿色专利数据的证据[J].经济研究,2018,53(12):129-143.

[66] 祁毓,卢洪友.污染、健康与不平等——跨越"环境健康贫困"陷阱[J].管理世界,2015(09):32-51.

[67] 任胜钢,郑晶晶,刘东华等.排污权交易机制是否提高了企业全要素生产率——来自中国上市公司的证据[J].中国工业经济,2019(05):5-23.

[68] 茹少峰,雷振宇.我国城市雾霾天气治理中的经济发展方式转变[J].西北大学学报(哲学社会科学版),2014,44(02):90-93.

[69] 邵朝对,苏丹妮,杨琦.外资进入对东道国本土企业的环境效应:来自中国的证据[J].世界经济,2021,44(03):32-60.

[70] 邵帅,李欣,曹建华.中国的城市化推进与雾霾治理[J].经济研究,2019,54(02):148-165.

[71] 邵帅,李欣,曹建华等.中国雾霾污染治理的经济政策选择——基于空间溢出效应的视角[J].经济研究,2016,51(09):73-88.

[72] 邵帅,杨莉莉,曹建华.工业能源消费碳排放影响因素研究——基于STIRPAT模型的上海分行业动态面板数据实证分析[J].财经研究,2010,36(11):16-27.

[73] 邵帅,杨莉莉,黄涛.能源回弹效应的理论模型与中国经验[J].经济研究,2013,48(02):96-109.

[74] 沈洪涛,冯杰.舆论监督、政府监管与企业环境信息披露[J].会计研究,2012(02):72-78+97.

[75] 沈坤荣,金刚,方娴.环境规制引起了污染就近转移吗?[J].经济研究,2017,52(05):44-59.

[76] 施炳展,李建桐.互联网是否促进了分工:来自中国制造业企业的证据[J].管理世界,2020,36(04):130-149.

[77] 石庆玲,郭峰,陈诗一.雾霾治理中的"政治性蓝天"——来自中国地方"两会"的证据[J].中国工业经济,2016(05):40-56.

[78] 宋德勇,朱文博,王班班等.企业集团内部是否存在"污染避难所"[J].中国工业经济,2021(10):156-174.

[79] 宋马林,王舒鸿.环境规制、技术进步与经济增长[J].经济研究,2013,48(03):122-134.

[80] 陶锋,赵锦瑜,周浩.环境规制实现了绿色技术创新的"增量提质"吗——来自环保目标责任制的证据[J].中国工业经济,2021(02):136-154.

[81] 童健,刘伟,薛景.环境规制、要素投入结构与工业行业转型升级[J].经济研究,2016,51(07):43-57.

[82] 涂正革,谌仁俊.排污权交易机制在中国能否实现波特效应?[J].经济研究,2015,50(07):160-173.

[83] 王班班,莫琼辉,钱浩祺.地方环境政策创新的扩散模式与实施效果——基于河长制政策扩散的微观实证[J].中国工业经济,2020

（08）：99-117.

[84] 王班班,齐绍洲.市场型和命令型政策工具的节能减排技术创新效应——基于中国工业行业专利数据的实证[J].中国工业经济,2016（06）：91-108.

[85] 王锋,葛星.低碳转型冲击就业吗——来自低碳城市试点的经验证据[J].中国工业经济,2022（05）：81-99.

[86] 王贺嘉.央地财政关系：协调失灵与地方政府财政赤字扩张偏向[J].财经研究,2016,42（06）：27-39.

[87] 王俊豪,王岭.国内管制经济学的发展、理论前沿与热点问题[J].财经论丛,2010（06）：1-9.

[88] 王岭,刘相锋,熊艳.中央环保督察与空气污染治理——基于地级城市微观面板数据的实证分析[J].中国工业经济,2019（10）：5-22.

[89] 王书斌,徐盈之.环境规制与雾霾脱钩效应——基于企业投资偏好的视角[J].中国工业经济,2015（04）：18-30.

[90] 王晰巍,邢云菲,赵丹等.基于社会网络分析的移动环境下网络舆情信息传播研究——以新浪微博"雾霾"话题为例[J].图书情报工作,2015,59（07）：14-22.

[91] 王云,李延喜,马壮等.媒体关注、环境规制与企业环保投资[J].南开管理评论,2017,20（06）：83-94.

[92] 魏楚,黄磊,沈满洪.鱼与熊掌可兼得么？——对我国环境管制波特假说的检验[J].世界经济文汇,2015（01）：80-98.

[93] 吴力波,杨眉敏,孙可哿.公众环境关注度对企业和政府环境治理的影响[J].中国人口·资源与环境,2022,32（02）：1-14.

[94] 吴舜泽,申宇,郭林青等.中国环境战略与政策发展进程、特点及展望[J].环境与可持续发展,2020,45（01）：34-36.

[95] 徐圆.源于社会压力的非正式性环境规制是否约束了中国的工业污染？[J].财贸研究,2014,25（02）：7-15.

[96] 徐志伟,刘晨诗.环境规制的"灰边"效应[J].财贸经济,2020,41（01）：145-160.

[97] 徐志伟,刘芷菁,张舒可.政府驻地迁移的污染伴随效应[J].产业经济研究,2020a（05）：86-99.

[98] 徐志伟,殷晓蕴,王晓晨.污染企业选址与存续[J].世界经济,2020b,

43(07)：122-145.

[99]　许士春,何正霞.环境管制、产品质量与企业收益——兼论污染罚金政策的使用效率[J].财贸研究,2007(03)：1-9.

[100]　杨继东,章逸然.空气污染的定价：基于幸福感数据的分析[J].世界经济,2014,37(12)：162-188.

[101]　杨继生,徐娟,吴相俊.经济增长与环境和社会健康成本[J].经济研究,2013,48(12)：17-29.

[102]　杨汝岱.中国制造业企业全要素生产率研究[J].经济研究,2015,50(02)：61-74.

[103]　伊媛媛,张发坤.环境非政府组织与社区生态化[J].理论月刊,2009(11)：112-114.

[104]　尹希果,陈刚,付翔.环保投资运行效率的评价与实证研究[J].当代财经,2005(07)：89-92.

[105]　应飞虎,涂永前.公共规制中的信息工具[J].中国社会科学,2010(04)：116-131+222-223.

[106]　余泳泽,孙鹏博,宣烨.地方政府环境目标约束是否影响了产业转型升级？[J].经济研究,2020,55(08)：57-72.

[107]　张成,陆旸,郭路等.环境规制强度和生产技术进步[J].经济研究,2011,46(02)：113-124.

[108]　张华,魏晓平.绿色悖论抑或倒逼减排——环境规制对碳排放影响的双重效应[J].中国人口·资源与环境,2014,24(09)：21-29.

[109]　张良桥.进化稳定均衡与纳什均衡——兼谈进化博弈理论的发展[J].经济科学,2001(03)：103-111.

[110]　张倩,曲世友.环境规制强度与企业绿色技术采纳程度关系的研究[J].科技管理研究,2014,34(05)：30-34.

[111]　张生玲,李跃.雾霾社会舆论爆发前后地方政府减排策略差异——存在舆论漠视或舆论政策效应吗？[J].经济社会体制比较,2016(03)：52-60.

[112]　张式军.环保法庭的困境与出路——以环保法庭的受案范围为视角[J].法学论坛,2016,31(02)：52-58.

[113]　张征宇,朱平芳.地方环境支出的实证研究[J].经济研究,2010,45(05)：82-94.

[114] 赵静梅,吴风云.数字崇拜下的金融资产价格异象[J].经济研究,2009,44(06):129-141.

[115] 赵敏.环境规制的经济学理论根源探究[J].经济问题探索,2013(04):152-155.

[116] 赵玉民,朱方明,贺立龙.环境规制的界定、分类与演进研究[J].中国人口・资源与环境,2009,19(06):85-90.

[117] 郑君君,闫龙,张好雨等.基于演化博弈和优化理论的环境污染群体性事件处置机制[J].中国管理科学,2015,23(08):168-176.

[118] 郑思齐,万广华,孙伟增等.公众诉求与城市环境治理[J].管理世界,2013(06):72-84.

[119] 郑志刚.法律外制度的公司治理角色——一个文献综述[J].管理世界,2007(09):136-147+159.

[120] 朱平芳,张征宇,姜国麟.FDI与环境规制:基于地方分权视角的实证研究[J].经济研究,2011,46(06):133-145.

英文文献

[1] Acemoglu D., Aghion P., Bursztyn L., Hemous D. The environment and directed technical change[J]. American Economic Review, 2012, 102(1): 131-166.

[2] André F. J., Sokri A., Zaccour G. Public disclosure programs VS. traditional approaches for environmental regulation: Green goodwill and the policies of the firm[J]. European Journal of Operational Research, 2011, 212(1): 199-212.

[3] Balke N., Fomby T. B. Threshold cointegration[J]. International Economic Review,1997,38: 627-645.

[4] Bao Q., Shao M., Yang D. Environmental regulation, local legislation and pollution control in China[J]. Environment and Development Economics, 2021, 26(4): 321-339.

[5] Biswas A. K., Farzanegan M. R., Thum M. Pollution, shadow economy and corruption: Theory and evidence[J]. Ecological Economics, 2012, 75: 114-125.

[6] Blackman A., Li Z., Liu A. Efficacy of command-and-control and

market-based environmental regulation in developing countries[J]. Annual Review of Resource Economics, 2018, 10: 381–404.

[7] Bonsón E., Perea D., Bednárová M. Twitter as a tool for citizen engagement: An empirical study of the Andalusia municipalities[J]. Government Information Quarterly, 2019, 36(3): 480–489.

[8] Brandt L., Van Biesebroeck J., Zhang Y. Creative accounting or creative destruction? Firm-level productivity growth in Chinese manufacturing [J]. Journal of Development Economics, 2012, 97(2): 339–351.

[9] Brandt L., Van Biesebroeck J., Zhang Y. Challenges of working with the Chinese NBS firm-level data[J]. China Economic Review, 2014, 30: 339–352.

[10] Brunnermeier S. B., Cohen M. A. Determinants of environmental innovation in US manufacturing industries[J]. Journal of Environmental Economics and Management, 2003, 45(2): 278–293.

[11] Buse A. Goodness of fit in generalized least squares estimation[J]. The American Statistician, 1973, 27(3): 106–108.

[12] Buysse K., Verbeke A. Proactive environmental strategies: A stakeholder management perspective [J]. Strategic Management Journal, 2003, 24(5): 453–470.

[13] Cai H., Chen Y., Gong Q. Polluting the neighbor: Unintended consequences of China's pollution reduction mandates[J]. Journal of Environmental Economics and Management, 2016, 76: 86–104.

[14] Cantador I., Cortés-Cediel M. E., Fernández M. Exploiting open data to analyze discussion and controversy in online citizen participation [J]. Information Processing & Management, 2020, 57(5), 102301.

[15] Caputo M. R. How to do comparative dynamics on the back of an envelope in optimal control theory [J]. Journal of Economic Dynamics and Control, 1990, 14: 655–683.

[16] Chau K., Ma V., Ho D. The pricing of "luckiness" in the apartment market[J]. Journal of Real Estate Literature, 2001, 9(1): 29–40.

[17] Chen Y., Jin G. Z., Kumar N., Shi G. The promise of Beijing:

Evaluating the impact of the 2008 Olympic games on air quality[J]. Journal of Environmental Economics and Management, 2013, 66(3): 424 – 443.

[18] Chen Z., Kahn M. E., Liu Y., Wang Z. The consequences of spatially differentiated water pollution regulation in China [J]. Journal of Environmental Economics and Management, 2018, 88: 468 – 485.

[19] Cole M. A., Elliott R. J., Shimamoto K. Industrial characteristics, environmental regulations and air pollution: An analysis of the UK manufacturing sector[J]. Journal of Environmental Economics and Management, 2005, 50(1): 121 – 143.

[20] Copeland B. R., Taylor M. S. Trade, growth, and the environment [J]. Journal of Economic Literature, 2004, 42(1): 7 – 71.

[21] Dasgupta S., Laplante B., Wang H., Wheeler D. Confronting the environmental Kuznets curve[J]. Journal of Economic Perspectives, 2002, 16: 147 – 168.

[22] Dietz T., Rosa E. A. Rethinking the environmental impacts of population, affluence and technology[J]. Human Ecology Review, 1994, 2(1): 277 – 300.

[23] Dong Y., Ishikawa M., Liu X., Hamori S. The determinants of citizen complaints on environmental pollution: An empirical study from China[J]. Journal of Cleaner Production, 2011, 19(12): 1306 – 1314.

[24] Farzin Y. H., Kort P. M. Pollution abatement investment when environmental regulation is uncertain[J]. Journal of Public Economic Theory, 2000, 2(2): 183 – 212.

[25] Fredriksson P. G., List J. A., Millimet D. L. Bureaucratic corruption, environmental policy and inbound US FDI: Theory and evidence [J]. Journal of Public Economics, 2003, 87(7): 1407 – 1430.

[26] Fu S., Ma Z., Ni B., Peng J., Zhang L., Fu Q. Research on the spatial differences of pollution-intensive industry transfer under the environmental regulation in China[J]. Ecological Indicators, 2021,

129，107921.

[27] Gray W. B., Shadbegian R. J. Plant vintage, technology, and environmental regulation[J]. Journal of Environmental Economics and Management, 2003, 46(3): 384 - 402.

[28] Greene, W. H. Econometric Analysis [M]. Pearson Education India, 2003.

[29] Greenstone M., Hanna R. Environmental regulations, air and water pollution, and infant mortality in India[J]. American Economic Review, 2014, 104(10): 3038 - 3072.

[30] Gregory A. W., Hansen B. E. Residual-based tests for cointegration in models with regime shifts[J]. Journal of Econometrics, 1996, 70(1): 99 - 126.

[31] Grossman G., Krueger A. Economic environment and the economic growth[J]. Quarterly Journal of Economics, 1995, 110(2): 353 - 377.

[32] Hamamoto M. Environmental regulation and the productivity of Japanese manufacturing industries[J]. Resource and Energy Economics, 2006, 28: 299 - 312.

[33] Hansen B. E., Seo B. Testing for two-regime threshold cointegration in vector error-correction models [J]. Journal of Econometrics, 2002, 110(2): 293 - 318.

[34] Hernandez-Sancho F., Picazo-Tadeo A., Reig-Martinez E. Efficiency and environmental regulation [J]. Environmental and Resource Economics, 2000, 15: 365 - 378.

[35] Huang G. $PM_{2.5}$ opened a door to public participation addressing environmental challenges in China[J]. Environmental Pollution, 2015, 197: 313 - 315.

[36] Ikefuji M., Itaya J. I., Okamura M. Optimal emission tax with endogenous location choice of duopolistic firms[J]. Environmental and Resource Economics, 2016, 65: 463 - 485.

[37] Jaffe A. B., Peterson S. R., Portney P. R., Stavins R. N. Environmental regulation and the competitiveness of US manufacturing: What does the evidence tell us[J]. Journal of Economic Literature, 1995,

33(1)：132 - 163.

［38］ Jin Y., Andersson H., Zhang S. Air pollution control policies in China：A retrospective and prospects［J］. International Journal of Environmental Research and Public Health，2016,13(12)：1219.

［39］ Kathuria V. Informal regulation of pollution in a developing country：Evidence from India［J］. Ecological Economics，2007，63(2)：403 - 417.

［40］ Kay S., Zhao B., Sui D. Can social media clear the air? A case study of the air pollution problem in Chinese cities［J］. The Professional Geographer，2015，67(3)：351 - 363.

［41］ Khanna M., Quimio W. R. H., Bojilova D. Toxics release information：A policy tool for environmental protection［J］. Journal of Environmental Economics and Management，1998，36(3)：243 - 266.

［42］ Kriström B., Lundgren T. Abatement investments and green goodwill［J］. Applied Economics，2003，35(18)：1915 - 1917.

［43］ Langpap C., Shimshack J. P. Private citizen suits and public enforcement：Substitutes or complements? ［J］. Journal of Environmental Economics and Management，2010，59(3)：235 - 249.

［44］ Leeuwen G., Mohnen P. Revisiting the Porter hypothesis：An empirical analysis of green innovation for the Netherlands［J］. Economics of Innovation & New Technology，2017，26(1/2)：63 - 77.

［45］ Lelieveld J., Evans J. S., Fnais M., Giannadaki D., Pozzer A. The contribution of outdoor air pollution sources to premature mortality on a global scale［J］. Nature，2015，525：367 - 371.

［46］ Li G., He Q., Shao S., Cao J. Environmental non-governmental organizations and urban environmental governance：Evidence from China［J］. Journal of Environmental Management，2018，206：1296 - 1307.

［47］ Li M., Du W., Tang S. Assessing the impact of environmental regulation and environmental co-governance on pollution transfer：Micro-evidence from China［J］. Environmental Impact Assessment Review，2021，86，106467.

[48] Liang X., Zou T., Guo B., Li S., Zhang H., Zhang S., Huang H., Chen S. Assessing Beijing's $PM_{2.5}$ pollution: Severity, weather impact, APEC and winter Heating[J]. Proceedings of the Royal Society A: Mathematical, Physical and Engineering Sciences, 2015, 471(2182), 20150257.

[49] Liu X., Chang C., Shaw D. Civil society and air quality management in Taiwan and mainland[J]. Working paper, 2018.

[50] Magat W. A., Viscusi W. K. Effectiveness of the EPA's regulatory enforcement: The case of industrial effluent standards[J]. The Journal of Law and Economics, 1990, 33(2): 331 - 360.

[51] Mamingi N., Dasgupta S., Laplante B., Hong J. H. Understanding firms' environmental performance: Does news matter? [J]. Environmental Economics and Policy Studies, 2008, 9(2): 67 - 79.

[52] McClellan P. Expert evidence-the experience of the land and environment court[J]. National Forensic Accounting Conference, 2005.

[53] Murty M. N., Kumar S. Win-win opportunities and environmental regulation: Testing of Porter hypothesis for Indian manufacturing industries[J]. Journal of Environmental Management, 2003, 67(2): 139 - 144.

[54] Nadeau L. W. EPA effectiveness at reducing the duration of plant-level noncompliance[J]. Journal of Environmental Economics and Management, 1997, 34(1): 54 - 78.

[55] Naghavi A. Can R&D-inducing green tariffs replace international environmental regulations? [J]. Resource and Energy Economics, 2007, 29(4): 284 - 299.

[56] Neves S. A., Marques A. C., Patrício M. Determinants of CO_2 emissions in European union countries: Does environmental regulation reduce environmental pollution? [J]. Economic Analysis and Policy, 2020, 68: 114 - 125.

[57] Osorio-Arjona J., Horak J., Svoboda R., García-Ruíz Y. Social media semantic perceptions on Madrid metro system: Using Twitter

data to link complaints to space[J]. Sustainable Cities and Society, 2021, 64, 102530.

[58] Petrakis E., Xepapadeas A. Location decisions of a polluting firm and the time consistency of environmental policy[J]. Resource and Energy Economics, 2003, 25(2): 197-214.

[59] Pien C. P. Local environmental information disclosure and environmental non-governmental organizations in Chinese prefecture-level cities [J]. Journal of Environmental Management, 2020, 275, 111225.

[60] Porter M. E., Van der Linde C. Toward a new conception of the environment competitiveness relationship[J]. Journal of Economics Perspectives, 1995, 9(4): 97-118.

[61] Pu Z., Fu J. Economic growth, environmental sustainability and China mayors' promotion[J]. Journal of Cleaner Production, 2018, 172(20): 454-465.

[62] Requate T., Unold W. On the incentives created by policy instruments to adopt advanced abatement technology if firms are asymmetric[J]. Journal of Institutional and Theoretical Economics, 2001, 157(4): 536-554.

[63] Riga-Karandinos A. N., Saitanis C., Arapis G. Study of the weekday-weekend variation of air pollutants in a typical Mediterranean coastal town[J]. International Journal of Environment and Pollution, 2006, 27(4): 300-312.

[64] Rugman A. M., Verbeke A. Corporate strategies and environmental regulations: An organizing framework[J]. Strategic Management Journal, 1998, 19(4): 363-375.

[65] Saha S., Mohr R. D. Media attention and the toxics release inventory[J]. Ecological Economics, 2013, 93: 284-291.

[66] Shapiro J. S., Walker R. Why is pollution from US manufacturing declining? The roles of environmental regulation, productivity, and trade[J]. American Economic Review, 2018, 108(12): 3814-3854.

[67] Shehata E. A. E. GS2SLS: Stata module to estimate generalized spatial two stage least squares cross sections regression [J].

Statistical Software Components, 2012.

[68] Smith J. M., Price G. R. The logic of animal conflict[J]. Nature, 1973, 246: 15 - 18.

[69] Song Z., Storesletten K., Zilibotti F. Growing like China [J]. American Economic Review, 2011, 101(1): 196 - 233.

[70] Spulber D. F. Market microstructure: Intermediaries and the theory of the firm[J]. Cambridge University Press, 1999.

[71] Stigler G. J. The theory of economic regulation[J]. The Bell Journal of Economics and Management Science, 1971: 3 - 21.

[72] Tan P. H., Chou C., Liang J. Y., Chou C. C. K., Shiu C. J. Air pollution "holiday effect" resulting from the Chinese New Year[J]. Atmospheric Environment, 2009, 43(13): 2114 - 2124.

[73] Tietenberg T. Disclosure strategies for pollution control [J]. Environmental and Resource Economics, 1998, 11(3 - 4): 587 - 602.

[74] Tu Z., Hu T., Shen R. Evaluating public participation impact on environmental protection and ecological efficiency in China: Evidence from PITI disclosure[J]. China Economic Review, 2019, 55(C): 111 - 123.

[75] Van Donkelaar A., Martin R. V., Spurr R. J., Burnett R. T. High-resolution satellite-derived $PM_{2.5}$ from optimal estimation and geographically weighted regression over North America[J]. Environmental Science & Technology, 2015, 49(17): 10482 - 10491.

[76] Wang C., Wu J., Zhang B. Environmental regulation, emissions and productivity: Evidence from Chinese COD-emitting manufacturers [J]. Journal of Environmental Economics and Management, 2018, 92(11): 54 - 73.

[77] Wang H., Di W. The determinants of government environmental performance: An empirical analysis of Chinese townships [J]. World Bank Policy Research Working Paper, 2002, No. 2937.

[78] Wang Q. China's citizens must act to save their environment[J]. Nature, 2013, 497: 159.

[79] Wang X., Zhang C., Zhang Z. Pollution haven or Porter? The

impact of environmental regulation on location choices of pollution-intensive firms in China[J]. Journal of Environmental Management, 2019, 248, 109248.

[80] Wang Y., Zhuang G., Xu C., An Z. The air pollution caused by the burning of fireworks during the lantern festival in Beijing [J]. Atmospheric Environment, 2007, 41(2): 417 – 431.

[81] Wooldridge J. M. Introductory econometrics: A modern approach [M]. Nelson Education, 2016.

[82] Wu H., Guo H., Zhang B., Bu M. Westward movement of new polluting firms in China: Pollution reduction mandates and location choice[J]. Journal of Comparative Economics, 2017, 45(1): 119 – 138.

[83] Wu J., Xu M., Zhang P. The impacts of governmental performance assessment policy and citizen participation on improving environmental performance across Chinese provinces [J]. Journal of Cleaner Production, 2018, 184: 227 – 238.

[84] Xepapadeas A. Environmental policy, adjustment costs and behavior of the firm[J]. Journal of Environmental Economics and Management, 1992, 23(3): 258 – 275.

[85] Xing Y., Kolstad C. D. Do lax environmental regulations attract foreign investment? [J]. Environmental and Resource Economics, 2002, 21(1): 1 – 22.

[86] Xu X., Zeng S., Zou H., Shi J. The impact of corporate environmental violation on shareholders' wealth: A perspective taken from media coverage[J]. Business Strategy & the Environment, 2016, 25(2): 73 – 91.

[87] Yang G., Calhoun C. Media, civil society, and the rise of a green public sphere in China[J]. China Information, 2007, 21(2): 211 – 236.

[88] Yang J., Guo H., Liu B., Shi R., Zhang B., Ye W. Environmental regulation and the pollution haven hypothesis: Do environmental regulation measures matter? [J]. Journal of Cleaner Production,

2018，202：993－1000.

[89] Zhang Y. Digital environmentalism：A case study of PM$_{2.5}$ pollution issue in Chinese social media[J]. Journal of Management and Sustainability，2017，7(1)：76－93.

[90] Zhang B.，Cao C.，Hughes R. M.，Davis，W. S. China's new environmental protection regulatory regime：effects and gaps[J]. Journal of Environmental Management，2017，187：464－469.

[91] Zhang G.，Deng N.，Mou H.，Zhang Z.，Chen X. The impact of the policy and behavior of public participation on environmental governance performance：Empirical analysis based on provincial panel data in China[J]. Energy Policy，2019a，129：1347－1354.

[92] Zhang K.，Xu D.，Li S. The impact of environmental regulation on environmental pollution in China：An empirical study based on the synergistic effect of industrial agglomeration[J]. Environmental Science and Pollution Research，2019b，26，25775－25788.

[93] Zhang S.，Li Y.，Hao Y.，Zhang Y. Does public opinion affect air quality? Evidence based on the monthly data of 109 prefecture-level cities in China[J]. Energy Policy，2018，116：299－311.

[94] Zhao L.，Haruyama T. Plant location，wind direction and pollution policy under offshoring[J]. World Economy，2017，40(8)：1646－1666.

[95] Zheng S.，Wang J.，Sun C.，Zhang X.，Kahn M. E. Air pollution lowers Chinese urbanites' expressed happiness on social media[J]. Nature Human Behaviour，2019(3)：237－243.

[96] Zhou Q.，Zhang X.，Shao Q.，Wang X. The non-linear effect of environmental regulation on haze pollution：Empirical evidence for 277 Chinese cities during 2002－2010[J]. Journal of Environmental Management，2019，248，109274.

图书在版编目(CIP)数据

正式环境规制、公众环境诉求与污染排放治理/李欣,王雅丽编著. —上海:复旦大学出版社,2024.5
ISBN 978-7-309-17197-6

Ⅰ.①正… Ⅱ.①李… ②王… Ⅲ.①环境污染-污染防治-研究-中国 Ⅳ.①X508.2

中国国家版本馆 CIP 数据核字(2024)第 011135 号

正式环境规制、公众环境诉求与污染排放治理
ZHENGSHI HUANJING GUIZHI GONGZHONG HUANJING SUQIU YU
WURAN PAIFANG ZHILI
李 欣 王雅丽 编著

责任编辑/鲍雯妍

复旦大学出版社有限公司出版发行
上海市国权路 579 号 邮编:200433
网址:fupnet@fudanpress.com http://www.fudanpress.com
门市零售:86-21-65102580 团体订购:86-21-65104505
出版部电话:86-21-65642845
上海盛通时代印刷有限公司

开本 890 毫米×1240 毫米 1/32 印张 8.5 字数 184 千字
2024 年 5 月第 1 版
2024 年 5 月第 1 版第 1 次印刷

ISBN 978-7-309-17197-6/X・51
定价:89.00 元